电力生产过程虚拟仿真实验教学丛书

压水堆核电厂
虚拟仿真技术与实验

Pressurized Water Reactor Nuclear Power Plant
Virtual Simulation Technology and Experiments

主　编／周　洪　郭江华
副主编／蔡　林　聂　矗　赵福云
编　著／余亮英　田侑成　赵嘉泰
　　　　何　苗　龙林鑫　丁雅倩

中国电力出版社
CHINA ELECTRIC POWER PRESS

内 容 提 要

本书结合虚拟仿真技术，吸收了网络化控制技术、虚拟现实技术、Web 技术等最新的教学与科研成果，提供了核工程与核技术、能源动力工程等专业不同层次不同研究对象的实验。通过倡导理论学习与动手实践相结合、老师课堂演示与学生课后实验相补充的教学理念，涵盖了核电厂大部分设备和实验，积极探索将实验器材"搬"到课堂中，将实验室"搬"到学生宿舍中的方法，逐步将核电厂系统与运行、控制与仿真技术应用于虚拟仿真教学实践中，具有较好的针对性和新颖性。

本书依托武汉大学核电仿真研究中心建设的核电厂教学模拟机系统，可帮助学生及受训人员巩固和消化课堂上所学的相关知识，熟悉核电模拟机，提高动手能力和学习兴趣。其目的是使学生掌握核电模拟机启动、停堆、功率运行、故障运行等不同工况下的基本流程和方法，了解运行过程中存在的问题，培养学生独立处理问题和解决问题的能力。

本书可供核工程与核技术、能源动力工程、电气工程等领域的工程技术人员、科研人员和管理人员参考，也可供高等学校相关专业师生参阅。

图书在版编目（CIP）数据

压水堆核电厂虚拟仿真技术与实验/周洪主编 . —北京：中国电力出版社，2021.8
（电力生产过程虚拟仿真技术丛书）
ISBN 978 - 7 - 5198 - 5328 - 0

Ⅰ. ①压…　Ⅱ. ①周…　Ⅲ. ①压水型堆—核电厂—计算机仿真　Ⅳ. ①TM623.91

中国版本图书馆 CIP 数据核字（2021）第 020392 号

出版发行：中国电力出版社
地　　址：北京市东城区北京站西街 19 号（邮政编码 100005）
网　　址：http://www.cepp.sgcc.com.cn
责任编辑：孙　芳（010 - 63412381）
责任校对：黄　蓓　郝军燕
装帧设计：王红柳
责任印制：吴　迪

印　　刷：三河市万龙印装有限公司
版　　次：2021 年 8 月第一版
印　　次：2021 年 8 月北京第一次印刷
开　　本：787 毫米×1092 毫米　16 开本
印　　张：13
字　　数：226 千字
印　　数：0001—1000 册
定　　价：48.00 元

前 言

核电厂运行与控制是一门与实践紧密相关的课程。仿真是以相似性原理、控制论、信息技术及相关领域的知识为基础，以计算机和各种专用物理设备为工具，借助系统模型对真实系统进行试验研究的一门综合性技术。核电模拟仿真，就是用模拟的方法建立"虚拟核电厂"来进行实验研究。核电机组系统模型的建立是核电仿真的核心问题。

核电厂教学模拟机是以微型计算机作为工作平台，通过仿真数学模型模拟核电厂物理、工艺和控制过程，以计算机图形界面作为人机界面的仿真系统。核电厂教学模拟机通过模拟机系统图中弹出设备软操作开关（虚拟设备开关）的控制窗，使用鼠标进行操作。模拟机模拟了参考核电厂主控制室和就地控制的主要内容，使得模拟机能够完成机组启停、升降功率、事故和机组瞬态下的主要操作。

现在常用的核电厂模拟机系统主要用于模拟核电厂各种运行工况，对培训核电厂运行人员，提高核电厂运行人员的素质和能力有重要意义。此外，模拟机系统对核电厂的设计改进、运行规程的变更等，也提供了重要的验证手段。核电厂模拟机系统是核电厂正常运营和培训的必备设施。

本书结合虚拟仿真技术，倡导理论学习与动手实践相结合、老师课堂演示与学生课后实验相补充的教学理念，积极探索将实验器材"搬"到课堂中、将实验室"搬"到学生宿舍中的方法，逐步将核电厂系统与运行、控制与仿真技术应用于本科教学实践中。

从组织结构来看，全书内容分为八章：

第一章 虚拟仿真技术简介。对虚拟仿真技术的基本理论进行了介绍，阐述了虚拟仿真技术的分类及其应用。

第二章 核电厂设备建模与仿真。对模拟机设备、核电厂主要系统与设备、热力系统仿真建模以及基于 SimStore 的核电厂二回路虚拟仿真平台进行了基本介绍，帮助读者了解核电厂的主要系统设备和仿真平台。

第三章 核电厂启动过程实验。介绍了通过核电虚拟仿真实验室的教学模拟机模拟核电机组仿真从正常冷停堆到满功率运行的整个过程。包括从正常冷停堆向热备用状态过渡、RRA 隔离至热停堆状态、反应堆趋近临界和热备用、汽轮机同步并网以及相关的注意事项等。

第四章 核电厂停堆过程实验。介绍了通过核电虚拟仿真实验室的教学模拟机模拟核电机组仿真核电厂从满功率到维修冷停堆运行的过程。包括降负荷到汽轮机跳闸，降低核功率到热停堆，降温、降压和硼化以及 RRA 系统投入运行到冷停堆等。

第五章　核电厂故障过程实验。模拟了核电厂事故中的几种严重故障、包括 RCP 系统故障、RCV 系统故障、RRA 系统故障、VVP 系统故障以及 ARE 系统故障等。

第六章　核电厂虚拟换料过程实验。介绍了利用虚拟换料系统完成核电厂换料的整个过程，实验主要利用开盖与换料过程仿真系统进行换料过程的模拟。

第七章　基于 SimStore 的核电厂二回路虚拟仿真平台。介绍了 SimStore 仿真平台及其相应的仿真模块。

第八章　核电厂二回路操作实验。介绍了核电厂二回路中的几个典型操作实验。包括二回路启动至最低负荷、二回路升功率至额定负荷、功率摆动试验以及甩负荷至厂用电实验等。

本书实验依托武汉大学核电仿真研究中心建设的核电厂教学模拟机系统，书中主要内容作为武汉大学核工程与核技术以及能源动力工程专业实验教学内容已经连续使用多年。本书将虚拟仿真技术和远程教学相结合，吸收了网络化控制技术、虚拟现实技术、Web 技术等最新的教学与科研成果，提供了核工程与核技术专业不同层次、不同研究对象的实验，涵盖了核电厂大部分设备和实验，具有较好的针对性和新颖性。可帮助学生及受训人员巩固和消化课堂上所学的相关知识，熟悉核电模拟机，提高动手能力和学习兴趣。使学生掌握核电模拟机启动、停堆、功率运行、故障运行等不同工况下的基本流程和方法，了解运行过程中存在的问题，培养学生独立处理问题和解决问题的能力。

本书在编写过程中得到了武汉大学动力与机械学院、电力生产过程国家级虚拟仿真实验教学中心（武汉大学）、中核集团核动力运行研究所、博努力（北京）仿真技术有限公司等单位和同行们的指导与支持。其中，武汉大学郭江华、聂矗、余亮英、田侑成、赵嘉泰、丁雅倩、龙林鑫，湖北师范大学蔡林、何苗等分别完成了各章节的编写工作，武汉大学周洪、专祥涛、胡文山、廖冬梅以及中核集团核动力运行研究所李青、居悦初等为本书编写提供了指导和帮助。本书在编写过程中参考了许多书籍及文献资料，在此谨向提供资料的作者和给予帮助的同行表示感谢。

限于我们的学识水平，书中不足之处在所难免，深切希望使用本书的兄弟院校师生及各研究、设计、生产和管理单位的广大读者、专家学者不吝批评指正。

编者

2021 年 2 月

目　录

压水堆核电厂 虚拟仿真技术与实验

Pressurized Water Reactor Nuclear Power Plant
Virtual Simulation Technology and Experiments

第一章

虚拟仿真技术简介

随着工业设备的复杂程度逐渐提升，其成本水涨船高，对安全性的要求也随之提高。然而，对于没有基础的学生和实习生而言，直接使用现场设备作为教学平台的风险较高，存在严重隐患。基于此情况，开发虚拟仿真技术，用于对工业设备的模拟运行，既可降低风险，消除隐患，使受训人员和试验人员获得操作经验，也可为工业设备的设计、运行与优化提供有价值的参考。

1.1 虚拟仿真技术基本理论

1.1.1 虚拟仿真技术的定义

随着科学技术的发展，人们为了适应未来信息社会的需要，不仅要求依靠打印输出或显示屏幕的窗口去观察信息处理的结果，而且希望凭借视觉、听觉、触觉以及形体、手势参与到信息处理的环境中，通过建立一个多维化的综合信息集成环境，获得身临其境的体验。虚拟仿真技术就是支撑这个多维信息空间的关键技术。

虚拟仿真技术又称虚拟现实技术（virtual reality），简称 VR 技术或灵境技术，与其同义的有"虚拟环境（virtural evironment，VE）""人工现实（artificial reality）""赛博空间（cyber space）"等名词，于 1989 年由 VPL Research 公司的开山人物 Jaron Lanier 首先提出，是一种综合利用计算机图形技术、多媒体技术、传感器技术、并行实时计算技术、人工智能、仿真技术等多种学科技术的人机交互技术。

系统仿真就是建立系统的模型（数学模型、物理效应模型或数学-物理效应模型），并在模型上进行实验和研究一个存在的或设计中的系统。这里的系统包括技术系统，如土木、机械、电子、水力、声学、热学等，也包括社会、经济、生态、生物和管理系统等非技术系

1

统。仿真技术的实质就是进行建模、实验。现代仿真技术的发展是与控制工程、系统工程及计算机技术的发展密切相关联的。控制工程和系统工程的发展促进了仿真技术的广泛应用，而计算机的出现及计算机技术的迅猛发展，则为仿真提供了强有力的手段和工具，计算机仿真在仿真中占有越来越重要的地位。

传统的系统仿真技术很少研究人的感知模型的仿真，因而无法模拟人对外界环境的感知（听觉、视觉、触觉）。随着多媒体技术、计算机动画、传感技术的发展，计算机模拟外界环境对人的感官刺激开始成为可能。事实证明，人类对于图像、声音等感官信息的理解能力远远高于对数字和文字等抽象信息的理解能力。

虚拟仿真技术就是将系统仿真技术与虚拟现实技术相结合，利用虚拟现实技术进行仿真

图 1-1　虚拟仿真系统的组成

模型的建立和实验的模拟，使仿真的过程和结果可以实现图像化、可视化，使仿真的系统具有了三维、实时交互、属性提取等特征，极大地促进了仿真技术的发展，同时也使虚拟现实技术更加具有生命力。虚拟仿真系统的组成如图 1-1 所示。

1.1.2　虚拟仿真技术的特点

虚拟仿真技术具有以下四个基本特性：

（1）沉浸性（immersion）。在虚拟仿真系统中，使用者可获得视觉、听觉、嗅觉、触觉、运动感觉等多种感知，从而获得身临其境的感受。理想的虚拟仿真系统应该具有能够给人所有感知信息的功能。

（2）交互性（interaction）。在虚拟仿真系统中，不仅环境能够作用于人，人也可以对环境进行控制，而且人是以近乎自然的行为（自身的语言、肢体的动作等）进行控制的，虚拟环境还能够对人的操作予以实时的反应。例如，当飞行员按动导弹发射按钮时，会看见虚拟的导弹发射出去并跟踪虚拟的目标；当导弹击中目标时会发生爆炸，能够看到爆炸的碎片和火光。

（3）虚幻性（imagination）。虚拟仿真系统中的环境是虚幻的，是由人利用计算机等工具模拟出来的。它既可以模拟客观世界中以前存在过的或是现在真实存在的环境，又可模拟出客观世界中当前并不存在的但将来可能出现的环境，还可模拟客观世界中并不会存在、仅仅存在于人们幻想中的环境。

（4）逼真性（reality）。虚拟仿真系统的逼真性表现在两方面：一方面，虚拟环境给人的各种感觉与所模拟的客观世界非常相像，一切感觉都是那么逼真，如同在真实世界中一

样；另一方面，当人以自然的行为作用于虚拟环境时，环境做出的反应也符合客观世界的有关规律。如当给虚幻物体一个作用力，该物体的运动就会符合力学定律，沿着力的方向产生相应的加速度；当它遇到障碍物时，则会被阻挡。

除了上述特征外，虚拟仿真技术还具有多感知性。所谓多感知性是指除了一般计算机技术具有的视觉感知以外，还有听觉感知、力觉感知、触觉感知、运动感知，甚至包括味觉感知、嗅觉感知等。

普通意义上的虚拟仿真需要通过一系列传感辅助设备来构建虚拟环境。目前，虚拟仿真技术的内涵已经大大扩展，其研究领域包括一切具有自然模拟、逼真体验的技术与方法，根本目标是达到真实体验和基于自然技能的人机交互。鉴于人类通过视觉和听觉获取的信息占全部获得信息的绝大部分，视觉和听觉信息的获取成为首先重点研究的目标。从目前虚拟仿真技术的发展情况看，信息的触觉、味觉和嗅觉感知在技术上是可以实现的。然而，由于其复杂性和难度，往往需要比较昂贵的硬件设备和复杂的软件支持，对于一般用户而言，可能是难以承受的。由于对虚拟仿真技术中信息的视觉和听觉进行研究和处理，已经可以覆盖大部分虚拟仿真所包含的信息量，因此，对于一般用户来说，在力所能及的经济条件下，在PC机或网络上开发虚拟仿真系统无疑是一种可行的选择。

1.1.3　虚拟仿真系统的分类

交互性和沉浸感是虚拟仿真技术最重要的两个特征，根据虚拟仿真技术所倾向的特征的不同，可将目前的虚拟仿真系统划分为四类：桌面式、沉浸式、增强式和分布式。

桌面式虚拟仿真系统是利用PC机或中低档工作站作为虚拟环境产生器，计算机屏幕或单投影墙作为参与者观察虚拟环境的窗口，通过各种输入设备实现与虚拟环境的充分交互，这些外部设备包括鼠标、追踪球、力矩球等。它要求参与者使用输入设备，通过计算机屏幕观察360°范围内的虚拟境界，并操纵其中的物体。然而，这时参与者缺少完全的沉浸，是因为它仍然会受到周围现实环境的干扰。桌面虚拟仿真系统的最大特点是缺乏真实的现实体验，但成本相对较低，因而应用比较广泛。常见桌面虚拟仿真系统有：基于静态图像的虚拟仿真系统 QuickTime VR、虚拟仿真造型语言系统 VRML、桌面三维虚拟现实系统、MUD 等。

沉浸式虚拟仿真系统提供完全沉浸的体验，使用户有一种置身于虚拟世界之中的感觉。它主要利用各种高档工作站、高性能图形加速卡和交互设备，通过声音、力觉与触觉等方式，并且有效屏蔽周围现实环境（如利用头盔显示器、三面或六面投影墙等），把参与者的视觉、听觉和其他感觉封闭起来，并提供一个新的、虚拟的感觉空间，且利用位置跟踪器、数据手套、其他手控输入设备、声音使得参与者产生一种身临其境、全身心投入和沉浸其中的感觉。常见的沉浸式系统有：基于头盔式显示器的系统、投影式虚拟仿真系统、远程存在系统。

增强式虚拟仿真系统不仅是用虚拟仿真技术进行虚拟现实世界、仿真现实世界，而且利用它来增强参与者对真实环境的感受，也就是增强现实中无法或不方便感知的感受。它主要是通过使用穿透型头盔显示器，将计算机生成的虚拟环境叠加到真实的物体上，为参与者提供增强虚拟环境。这种增强的信息可以是在真实环境中共存的虚拟物体，也可以是关于真实物体的非几何信息。该系统主要依赖于虚拟现实位置跟踪技术以达到精确的重叠。增强现实性的虚拟现实典型实例是战机飞行员的平视显示器，它可以将仪表读数和武器瞄准数据投射到安装在飞行员面前的穿透式屏幕上，使飞行员不必低头读座舱中仪表的数据，从而可集中精力盯着敌人的飞机或导航偏差。

如果多个用户通过计算机网络连接在一起，同时参加一个虚拟空间，共同体验虚拟经历，那虚拟仿真则提升到了一个更高的境界，这就是分布式虚拟仿真系统。分布式虚拟仿真系统是将虚拟环境运行在通过网络连接在一起的多台 PC 机或工作站上。多个用户可通过网络对同一虚拟世界进行观察和操作，以达到协同工作的目的。参与者通过使用这些计算机，可以不受时空限制实时交互，协同工作，共享同一个虚拟环境，共同完成复杂的任务。目前最典型的分布式虚拟仿真系统是 SIMNET，SIMNET 由坦克仿真器通过网络链接而成，用于部队的联合训练。通过 SIMNET，位于德国的仿真器可以和位于美国的仿真器运行在同一个虚拟世界，参与同一场作战演习。

近年来，随着现实技术、虚拟环境以及增强方法应用的不断充实、进步和完善，著名学者 Paul Milgram 提出了一种分类学方法——虚拟统一体（virtual continnuum，VC）概念，其定义如下：

（1）现实环境（real environment，RE）：真实存在的现实世界。

（2）虚拟环境（virtual environment，VE）：计算机生成的虚拟世界。

（3）增强现实（augmented reality，AR）：在现实世界中叠加的虚拟对象。

（4）增强虚拟（augmented virtuality，AV）：在虚拟境界中叠加的现实对象。

（5）混合现实（mixed reality，MR）：由 AR 和 AV 组成。

（6）虚实统一体（virtual continnuum，VC）：由 RE、AR、AV 和 VE 组成。

1.2 虚拟仿真对象建模

虚拟仿真对象建模主要包括视觉建模和听觉建模，其中视觉建模包括几何建模、运动建模、物理建模、对象行为建模等；听觉建模通常只是把交互的声音响应增加到用户和对象的活动中。下面重点介绍视觉建模：

（1）几何建模。几何建模用来描述对象内部固有的几何性质的抽象模型，所表达的内容包括虚拟对象的形状和外观。虚拟对象的形状可以用点、线段、多边形、曲线、方程组，甚至图像等描述，一般都是由三角形网络组成的。它们有许多共享的顶点，绘制速度较快，三角形网络也适合几何变换和细节层次 LOD 优化。对象表面造型可以使用 AutoCAD、Multi-Gen 等软件建立。

（2）运动建模。在虚拟环境中，物体的特征还涉及位置改变、碰撞、捕获、缩放和表面变形等，仅仅建立静态的几何模型对虚拟场景是不够的。一个运动的对象，它的位置是时刻改变的。因此，往往需要用各种坐标系来反映虚拟环境中对象的虚拟位置，通过移动、旋转和缩放来描述虚拟环境中对象的运动。

真实世界中的对象都是实体，一旦彼此之间发生碰撞，会产生力和其他作用，使彼此感知这种碰撞。然而，在虚拟世界中，对象模型仅仅是点线面的组合，他们的碰撞只是图形的交汇，不会发生任何物理作用。因此，需要设计碰撞检测算法，通过计算图形的交汇来实现模拟真实世界碰撞的发生。

（3）物理建模。物理建模是虚拟仿真系统中较高层次的建模，即在建模时考虑对象的物理属性，包括定义对象的质量、重量、惯性、表面纹理、光滑或粗糙、硬度、形状改变模式（橡皮带或塑料）等。分形技术和粒子系统是典型的物理建模方法。分形技术在虚拟仿真中一般仅用于静态远景的建模；在虚拟仿真中粒子系统用于动态的、运动的物体建模，如常用于描述火焰、水流、雨雪、旋风、喷泉等现象。

（4）对象行为建模。要构造一个能够逼真地模拟现实世界的虚拟环境，还要采用对象行为建模方法。行为建模定义了仿真对象的内部行为和外部行为及其活动特征。它的目的是建立对象的非确定性，与用户输入的交互无关的对象行为。例如，虚拟场景中的鸟在空中自由飞翔，当人接近它们时，就要飞远等行为。

1.3　虚拟仿真系统的应用领域

虚拟仿真技术可以使用户处于一个酷似真实世界的、具有完善交互能力的、可以帮助和启发构思的虚拟环境，并能够以全方位的交互方式获取多种表现形式的信息。因此，虚拟仿真技术的应用前景是十分广阔的，它适用于任何需要使用计算机来储存、管理、分析和理解复杂数据的领域。经过几十年的发展，虚拟仿真技术已从萌芽状态成长为成熟的综合信息技术，并在以下领域取得了众多研究成果。

（1）教育与训练。虚拟仿真技术能将三维空间的虚拟世界清楚地表示出来，并产生视觉、听觉、触觉和嗅觉等多种感官刺激信息；同时，它使学习者能直接、自然地与虚拟对象进行交互，以各种形式参与事件的发展变化过程，并获得最大的控制和操作整个环境的自由度。这种呈现多维度信息的虚拟学习和培训环境，将为学习者掌握一门新知识、新技能提供前所未有的新途径。因此，该技术的发展可应用于虚拟科学实验室、立体观念、生态教育、交通规则教育、残障人士学习以及专业训练等众多领域。

1）仿真教学与实验。利用虚拟仿真技术，可以模拟显现那些在现实中存在的，却在教学环境下用别的方法很难做到或需要付出极大代价才能显现的事物，供学生学习和探索。例如，当学习某种机械装置的组成结构和工作原理时，传统的教学方法是利用图示或放录像的方式向学生展示。然而，这些方法无法深入描述相关知识，不利于学生理解。应用虚拟仿真技术能够充分体现显示器优势：它不仅可以展现出机械装置的复杂构造、工作原理以及工作时各部件的运行状态，而且还能模拟各部件在出现故障时的表现和原因，并方便地提供考察、操纵乃至维修的模拟训练机会，从而使教学与实验得到事半功倍的效果。

2）特殊教育。在虚拟仿真技术的帮助下，残障人士能够通过自己的形体动作与他人进行交流。例如，残疾人带上数据手套就能将自己的手势翻译成讲话的声音。通过虚拟三维手势语言的训练系统，可以帮助弱智儿童很快地熟悉符号、字和手势语言的意义。此外，应用虚拟仿真技术还能为重度残废人士设计一系列的辅助装置，使他们只要轻轻动一下眉毛、眨眨眼睛就能够完成诸如翻动书页、拉上窗帘等日常行为，为残障人士的生活提供很大的帮助和便利。

3）多种专业训练。对于许多不能失误的高难度仪器训练或是需要不断反复练习的操作，例如做外科手术、训练飞行员、滑雪、开挖土机、开拖吊机以及操作核潜艇等，可以利用虚拟仿真技术进行专业训练。目前最普遍的应用就是飞行员训练模拟器。它由高性能计算机、三维图形生成器、三维声音训练、各种传感器以及产生运动感的运动系统组成。当受训者使用该模拟器时，作为系统中枢的计算机系统将负责管理计算飞行的运动、控制仪表、指示灯和驾驶杆等信号。这些信息经过分析和处理后，将被传输给视觉、听觉、运动等各个 VR 子系统，用来实时生成相应的虚拟效果，从而带给飞行员在真实飞机中一样的操作感觉。

4）应急演练和军事演习。据路透社报道，美国的军事演习从 2000 年开始已从实弹转为虚拟作战，即利用计算机模拟敌方攻击的方式取代以往的炸弹和弹道导弹攻击。在这套仿真作战系统的虚拟战场环境中，包括了在地面行进的坦克和装甲车，在空中飞行的直升机、歼击机、导弹等多种武器平台，同时在网络上还连着地面威胁环境、空中威胁环境、背景干扰环境等结点。它可以实现对军事人员和团组的多种训练方案，还能完成对武器系统性能、方案的验证和评估任务。曾任美国总医院情报委员会主席的 Dave McCurdy 表示，该系统使军事演习真正达到低成本、无伤亡演习，它使军事演习在概念上和方法上有了一个新的飞跃。

在公共安全领域，人们也利用虚拟仿真技术构建了一些典型的应用系统。例如，加拿大 Straylight Multimedia 公司的 ESP 应急仿真规划系统和 E-Semble 公司的 Diabolo VR 系统。这些新型的 VR 系统不仅减少了训练费用，还能设定包括交通事故、火灾、紧急救生等各种复杂的情况。受训者可以在这种虚拟环境中反复演练高风险、低概率的事件，并试验各种方案，即使闯祸，也不会引起任何"恶果"，最终在安全的虚拟环境中取得实际经验。

（2）设计与规划。虚拟仿真技术已被看作是设计领域中唯一的开发工具。它可以避免传统方式在原型制造、设计和生产过程中的重复工作，有效地降低成本。德国汽车业对虚拟仿真技术的应用最快也最广泛。目前，德国所有的汽车制造企业都成立了自己的虚拟仿真开发中心，并将虚拟仿真技术应用到零部件设计、内部设计、空气动力学试验和模拟撞车安全试验等工作中。据奔驰、宝马、大众等公司的报告显示，应用虚拟仿真技术，以"数字汽车"模型来代替木制或铁皮制的汽车模型，可将新车型开发时间从一年以上缩短到两个月左右，开发成本最多可降低到原来的十分之一，因而大幅度提高了德国汽车产业的竞争力。

建筑设计也是虚拟仿真技术应用最早的行业。过去在设计港口、机场、码头、车站以及展览馆等大型建筑时，最困难的问题是如何在设计之初就能向人们全面、具体地显示出这些建筑在完成后的实际形象和应用效果。现在虚拟仿真技术可以解决这一困难，已经研制出的由计算机、投影设备、立体眼镜和传感器等组成的"虚拟设计"系统，不仅可以让各有关人员看到甚至"摸"到设计成果，而且方便随时对不同的方案进行讨论、对比和修改。业已建成的德国国家画廊，以及汉诺威世界博览会德国馆的建筑，就是利用该系统设计的。可以预计，在未来的城市规划和建筑设计中将更加大量地使用虚拟仿真技术。

（3）科学计算可视化。在科学研究中总会面对大量的数据，为了从中得到有价值的规律和结论，需要对这些数据进行认真分析，而科学计算可视化的功能就是将大量字母、数字数据转换成比原始数据更容易理解的各种图像，并允许参与者借助各种虚拟仿真输入设备检查这些"可见的"数据。它通常被用于建立分子结构、地震以及地球环境等模型。其中，分子模型可用来测试不同的分子是如何相互作用的，地震模型可用来研究板块地质构造和地震，环境模型则可以描述臭氧层消失所带来的影响和在一段时间内全球气候变暖的情况等。它们的每一种模型都会产生大量的统计数据，而科学计算可视化往往是揭示这类数据的唯一方法。

在虚拟仿真技术支持下的科学计算可视化与传统的数据仿真之间存在着一定的应用差

别。例如，为了设计出阻力小的机翼，必须详细分析机翼的空气动力学特性。为此，人们发明了虚拟仿真的风洞试验方法，其目的是通过使用烟雾气体，让工程师可以用肉眼直接观察到气体与机翼的作用情况，提高对动力学特性的了解，并能对多漩涡的复杂三维性质和效果、空气循环区域、漩涡被破坏时的乱流等情况加以分析，而利用常规的数据仿真这些工作是很难实现可视化的。

（4）商业领域。随着电子商务的日益普及，虚拟仿真技术被应用于网上销售、客户服务、电传会议以及虚拟购物中心等商业区域。它可以使用户在购买前先看到产品的外貌与内在，甚至在虚拟世界中使用它，因此对产品的推广和销售都很有帮助。在该系统中，用户可以自行放大、缩小和旋转车身，可以从各方位观看车身，还可以更换环境光线、车的颜色以及轮胎、尾翼等零部件。由此看出，虚拟仿真技术能够使消费者充分体会产品的特色，有效地拉近了产品与消费者之间的距离。

（5）艺术与娱乐。作为传播信息的媒体，虚拟仿真技术在艺术领域所具有的潜在应用能力也不可低估。它可以使一个虚拟的音乐家演奏各种各样的乐器，让手足不便的人或远在外地的人足不出户地进入虚拟音乐厅欣赏音乐会。而虚拟仿真技术所具有的身临其境感及实时交互性还能将静态的艺术（如油画、雕刻）转化为动态的形式，使观察者更好地欣赏作者的思想艺术。

在文物保护方面，虚拟仿真技术的应用意义也很重大。例如，由浙江大学人工智能研究所开发的"敦煌石窟虚拟漫游与壁画复原"系统，综合采用了数字摄影、图像处理、三维建模、虚拟仿真和人工智能技术，将敦煌壁画艺术真实、高效地保存了起来，使不可再生的文物得到了数字化的保存、修复和重现。

娱乐是虚拟仿真系统的另一个重要应用领域。目前，市场上已经推出了多款 VR 环境下的计算机游戏，例如反恐精英、穿越火线、刺激战场等。它们实时逼真的 3D 视景、枪械、人物走位和杀伤效果都带给玩家强烈的感官刺激。

1.4　虚拟仿真技术在核电教学中的应用

由于专业的特殊性，核工程与核技术专业的教学和实习存在着大量的局限性。在虚拟环境中进行教学和实践具有很好的安全性和可重复操作性，因而利用虚拟仿真系统对从事辐射工作或其他高危险、高成本工作的人员进行教学和培训是非常好的选择。虚拟仿真系统可以有效降低操作人员的辐射剂量并节省经费，而且还可以通过生动逼真的视觉、听觉和触觉等感受，使操作人员如同在真实的系统和环境中操作一样。此外，通过更深入的虚拟仿真，可以实现在操作人员发生错误操作时能够及时地发出报警信息和操作建议，甚至可以刻意模拟某些在现实中不大出现但是必须掌握的事故操作，加深培训人员对这类事故的认识，提高他们处理事故的能力。

通过虚拟仿真系统，可以使课堂教学不再局限于教室、实验室中，为学生提供更广阔的教学场所和教学机会，从而加强教师和学生的教学互动，还可以实现虚拟教学或远程教学。

（1）变抽象为直观，有利于激发学生的学习兴趣，提高教学质量。作为一门技术复杂、设备众多的学科，核工程与核技术专业教学的一个重要要求就是直观、形象、生动，但在目前国内广大院校的实际教学中往往又难以直接展示系统的结构、作用原理及工作流程等教学内容，这对学生更好地掌握专业知识极为不利。通过虚拟仿真的方法建立的核电厂系统与设备模型，可以使学生通过人机交互的方式对核电模型进行浏览，在模型内部进行自由"漫游"，使他们能非常直观地学习核电厂系统与设备结构。这样不仅调动了学生的学习兴趣，而且将复杂、抽象的内容具体化、形象化，提高了教学质量。

核工程与核技术是一门实践性很强的学科，实验和实习应贯穿于整个教学过程。实践教学环境的好坏对掌握专业知识至关重要。三维虚拟软件和多媒体系统的开发与应用，可对专业教育起到很好的促进作用。三维虚拟软件和多媒体系统相结合，打破了时间、空间、经费等方面的局限性，为学生提供了真正的"开放性教学环境"，提高了学生的自主动手能力和创新能力。

青年学生正处于思维最为活跃的时期，对新生事物有浓厚兴趣。相对于传统的"板书＋挂图"或纯 PPT 播放等教学形式而言，虚拟仿真教学形式新颖，能够充分调动学生的学习兴趣，激发他们的求知欲望，有利于提高教学效果。例如，在学习核物理基础知识时，可利用虚拟仿真和多媒体技术，克服时空限制，再现核反应过程，使学生对抽象物理过程的认识又增添了一份感性。

（2）虚拟仿真教学有助于提高学生的空间想象能力。利用虚拟仿真的方法能形象、生动地描绘出传统课堂上无法准确、细致表达的复杂图形、图像等。借助虚拟现实、计算机仿真、计算机辅助设计软件等模拟出核电厂复杂系统和设备的结构、原理、工作流程、空间位置布局、立体图形的生成过程等。通过对这些过程的模拟可以实现由点、线、面到体的全程模拟，帮助提高学生的空间想象能力和形象思维能力。例如，在教学中有时要碰到一些复杂系统的内部构造、立体分布等问题时（如从核岛结构到反应堆压力容器结构，再到燃料组件的构造等过程），以往主要是依靠教师动手画、做模型的方式来进行讲解，但对初次接触该知识的学生而言，总有点想不出或理解不深的感觉，这时通过虚拟仿真技术可以使学生对这些系统的理解更形象、直观且全面，也克服了专业教学中教师难讲、学生难学的弊端。

（3）虚拟仿真教学有助于提高课堂教学效率。虚拟仿真技术和多媒体课件的应用，可使教师在课堂上省去板书、画图和擦黑板的时间。从而使教学有更多的时间和精力去讲课和与学生互动，及时回答学生的各种疑问。这样可以在较短的时间内，加强学生对课堂信息的吸收和消化过程，加深理解，提高记忆效果，提高教学质量。

总之，虚拟现实技术由于具有虚拟三维动画、原理仿真、多媒体演示等能力，可将教学培训中复杂、抽象的内容真实、形象、生动地表现出来，从而使学生真正参与到教学和兴趣活动中，这是传统教学方法所不能比拟的。

在国外核工程与核技术专业教学领域，虚拟仿真技术已经得到了广泛和深入的研究和应用，主要包括虚拟漫游、虚拟拆装、核电厂仿真模拟机、辐射场剂量的分布计算与显示等方面。西班牙已经开发完成了一个用于计算核电厂换料过程中的辐射剂量的虚拟现实系统 CIPRES 和一个用来改善控制室人－机界面的虚拟仿真程序 SICOMORO 等虚拟仿真系统。欧洲核能机构则利用虚拟仿真技术进行了退役过程中的研究。他们设计了一套特殊的拆除装置，应用拆除被极毒性核素 Pu 污染的手套箱，然后开发虚拟现实系统用来模拟其工作，并评价拆除装置的性能以及进行操作人员的培训。

在实际应用方面，哈尔滨工程大学核科学与技术虚拟仿真实验教学中心与中广核集团合作开发的虚拟仿真实验教学平台已使用多年，可分为 3 个部分：核动力装置虚拟教学平台、核动力装置运行仿真平台、核动力装置设计分析平台。该平台共有 30 个学生机位，2 个管理教师的机位，每个机位的计算机均联入虚拟仿真实验教学中心内部局域网，用户通过网络可以使用相应的教学资源。

中核武汉核动力运行研究院核电仿真中心为核电厂开发了用于工作人员操作培训的虚拟仿真系统，为核电工作人员熟悉工作环境、掌握设备流程、演习工作流程等提供了帮助，也为我国该方面的自主研究做出了贡献。该系统侧重于使用原理模型机进行实际的操作模拟，还研制开发了虚拟漫游和虚拟装配系统，可以用于开发各类交互式仿真产品，是虚拟仿真技术在核工业领域一次成功的应用。结合该单位的研究成果，武汉大学与中核武汉核动力运行研究院合作，建成了国内先进的核电厂虚拟仿真实验室，为核工程与核技术专业的教学和科研建立了良好的平台。

该实验室可分为核电厂仿真实验室与核电厂虚拟实验室。

核电厂仿真实验室的软件主要由核岛部分和常规岛部分组成，其核电教学模拟机既可用于核电厂物理、热工、控制和电气方面的原理培训，又可以通过电站系统的图形操作截图，实现运行操作的初级培训，利用这个平台，使用者可以进一步理解在课堂上学到的专业理论知识，初步掌握对核电厂的运行操作，并对科研开发打下良好的基础。

核电厂虚拟实验室的软件主要由虚拟漫游系统和虚拟设备检修两部分组成。虚拟漫游系统可以提供一个可视化的交互式虚拟环境，使相关人员熟悉电站厂房、功能区划分、系统设备布置、厂房内部的进出路径等，该系统对核电厂厂房、设备和管道系统等进行三维建模，利用开发的虚拟仿真平台对建立的核电厂三维模型进行驱动，实现核电厂厂区和厂房内部的虚拟漫游，通过该平台使用者在实验室完成对核电厂主要流程、主要设备结构（反应堆、蒸发器、主泵等）、主要设备拆装等内容的教与学，进而变抽象为具体，提高教学质量。虚拟设备检修系统是将核电厂关键设备（包括反应堆、蒸汽发生器、主泵、换料机等）通过数据库进行管理和调度，实现设备结构的三维浏览，通过虚拟仿真系统，能够任意地隐藏设备零部件，放大或缩小观察设备，通过调用数据库查询设备零部件的属性信息等，在建立的虚拟设备浏览的基础上，按照核电厂设备维修规程，对规程中每一步操作进行模拟，对于无法实现的过程采用文字及图片的方式说明，对于操作的过程通过数据库管理的方式，控制操作过程中工具和设备零部件的运动过程，实现设备维修操作培训。

此外，武汉大学开发了一套基于 SimStore 的核电厂二回路虚拟仿真平台，操作人员只需要一台笔记本电脑，在安装 SimStore 后，便可在电脑上进行虚拟仿真，不占用教室或实验室，随时随地进行教学与练习。基于该虚拟仿真实验室的现实条件，可实现虚拟仿真技术在核电教学中的应用。

（1）核电仿真机教学法。核电仿真机（又称为模拟机），按照功能可以分为原型机、工程仿真机、培训仿真机（又可分为教学仿真机与操作员培训仿真机）等；按照仿真范围又可以分为全范围仿真机和局部仿真机。仿真机控制台盘和操纵员站可以做到和核电主控室一样。

据统计，核电厂70％以上的安全问题由人为因素造成，因而在每个核电厂项目中，都需要模拟机供操纵员在上岗前接受严格的培训和考核。利用仿真技术制造的核电厂仿真机是核电厂培训操纵员和运行管理人员的重要工具，直接影响着核电厂运行的安全性、稳定性和经济性。

在核工程与核技术专业的教学过程中，可以在认识实习环节和生产实习环节中利用核电厂仿真机，在虚拟环境下，模拟核电厂运行原理的仿真操作，完成反应堆启动、停堆和故障运行等，弥补该专业学生无法实现在真实核电厂实习的不足，最大限度地提高专业教学质量和教学效果。图1-2为常见的核电

图1-2　全范围仿真机结构简图

仿真机的结构组成。

（2）多媒体虚拟操作教学法。利用虚拟仿真技术和多媒体设备可以将那些复杂、抽象的理论知识用多媒体课件演示出来，并通过编制一些三维动画，收集一些案例实物等方式来丰富课程内容和表现形式，变黑板式教学为实体化教学，使过去因无法看到实物而抽象难学的内容变得具体、形象。例如，在讲解从核岛结构到反应堆压力容器结构，再到燃料组件的构造等复杂系统的过程时，利用虚拟仿真技术实现对全过程的三维模拟，使得学生对这些系统的理解更直观、更形象、更全面，还可以通过交互式的操作提高学生的动手和创新能力。

目前，国内核工程与核技术专业的研究及工作人员在培训时有时需要接触真实的辐射源，或者进行 1∶1 实物模型的培训，这增加了工作人员被照射的风险，同时也增加了实验和培训平台建设的经费投入和后期管理风险。此时，采用虚拟仿真技术实现虚拟仿真教学和培训，则能够有效降低辐射剂量，节约经费，降低运行和管理风险。

核工程与核技术领域的虚拟仿真系统有其自身的特点。对于设备、场景、动作的建模和仿真，目前已有许多专用或通用的建模工具软件可以使用，如 3DMAX、CATIA、VRML与 JAVA、MATLAB 与 C++等。针对应用目的的不同，选择其中某些软件或软件的组合即可进行系统开发。

在核工程与核技术专业的教学过程中，可以利用虚拟仿真技术对换料过程进行操作培训，以减少被培训人员的操作时间、控制辐射剂量以及对该过程的重复操作。图 1-3 为武汉大学核电厂虚拟操作系统的虚拟换料过程演示图。虚拟仿真系统可通过考虑了核电厂换料过程中所有可能的操作来实现换料路径的最优化选择。通过对各个操作步骤的分析，建立一个计算模型，利用各种模拟计算方法（如 MCNP）确定重点区域辐射剂量分布的情况。此外，还可根据实际换料过程中的每一个换料动作的辐射剂量分布，来实现对换料过程的辐射防护监测，并建立一个监测基础数据库，以实现对操作人员的辐射剂量管理。同时，可以使操作者非常直观地了解到真实操作过程中的各种行为及其带来的后果，从而达到换料教学和培训的目的。

图 1-3　核电厂换料虚拟操作

　　虚拟仿真技术在核工程与核技术专业教学中有着极好的应用前景。借助核电仿真机可以在认识实习环节和生产实习环节中，在虚拟环境下模拟核电厂运行原理的仿真操作，完成反应堆启动、停堆和故障运行等，弥补该专业学生无法在真实核电厂实习的不足，最大限度地提高专业教学质量和教学效果。而利用多媒体虚拟操作，可以实现对核电厂运行部件的虚拟现场拆装培训、剂量管理等。本书也将介绍该虚拟仿真系统及实验教程。

第二章

核电厂设备建模与仿真

2.1　模拟机设备基本介绍

近年来，随着各国核电蓬勃发展，很多核电机组相继开工建设，安全是核电健康长期发展的关键因素。为满足核电厂的安全运行，确保工作人员以及周边人民群众的生命安全，模拟机技术在核电领域迅速发展，广泛应用于核电系统设计、运行、安全培训等方面。

核电厂多功能模拟机是以微型计算机为工作平台，通过仿真数学模型模拟核电厂物理、工艺和控制过程，以计算机图形界面作为人机界面的仿真系统，既可以用于核电厂物理、热工、控制和电气方面的原理培训，又可以通过电站系统的图形操作界面，开展运行操作的初级培训。

核电厂多功能模拟机通过模拟机系统图中弹出设备软操作开关（虚拟设备开关）的控制窗，借助鼠标进行操作。模拟机模拟了参考核电厂主控制室和就地控制的主要内容，使其能够完成机组启停、升降功率以及事故和机组瞬态下的主要操作。核电厂多功能模拟机可以单机分别使用，也可以通过一拖多的方式进行集体教学和培训。安装有模拟机维护工具的核电厂多功能模拟机还可用于控制系统和工艺系统研究和辅助设计仿真实验。

核电厂多功能模拟机按照参考机组反应堆型，可分为典型压水堆（二代加）核电多功能模拟机和第三代核电 AP1000 多功能模拟机。除了核电厂多功能模拟机以外，按照模拟范围、深度和功能的不同，用于核电厂培训和教学的模拟机还可分为核电厂趣味模拟机、核电厂通用原理模拟机、核电厂高级原理模拟机、核电厂工程仿真机、核电严重事故仿真机、核电厂全范围模拟机等。

武汉大学核电厂教学模拟机属于通用型模拟机系统，选用法国法马通公司典型的第二代三环路百万千瓦压水堆核电机组作为参考机组，使用鼠标对系统图中的各控制窗进行操作。

该模拟机模拟了核电厂主控室系统和核电厂各个系统及设备的主要内容，机组启停、升降功率、事故工况和机组瞬态下的主要操作都能在该模拟机上完成。

核电厂教学模拟机的硬件包括由 24 台计算机组成的计算机网路以及培训教学相应的配套设施，主要包括计算机、显示器、交换机、打印机、投影仪、视频切换器等设备。

每套模拟机上安装 SimBASE 仿真支撑软件、压水堆模型软件、教学控制台软件 SimIS、操纵员台软件 SimOS 和监视参数曲线软件 SimCurve。两套维护工作站加装模拟机维护工具、调试工具等。

该模拟机能进行电厂正常启停和升降功率等主要操作，能模拟电厂甩负荷、反应堆脱扣、LOCA（一回路主系统破口）、SGTR（蒸汽发生器传热管破裂）、主蒸汽管道破裂、主给水管道破裂等瞬态，并能实现控制棒卡棒或落棒、泵脱扣、阀门卡死、仪表信号漂移等 80 多种故障。

2.1.1 教练员台

核电厂模拟机教练员台设置有 75 种核反应堆初始状态，可以任意选定一种状态开始运行模拟机，开始运行后，教练员台可以在任意时刻冻结运行状态或者复位模拟机初态，同时教练员台可以在运行过程中插入给水系统、反应堆冷却剂系统、化学和容积控制系统、余热排出系统、主蒸汽系统等 8 个系统的 81 种故障，以此来锻炼操作员在模拟机系统上对事故的处理能力。同时，在插入事故后，仿真图菜单栏中的报警事件序列可以按时间顺序报告报警事件，实时展示系统随着时间出现的各个报警事件。

教练员台设置有系统图，包括总体流程图、稳压器、反应堆堆芯、余热排出系统、化学和容积控制系统、主冷却剂系统、3 个蒸汽发生器及安注系统 8 个系统图，相比于操作员系统图，教练员系统图没有二回路各个系统，但一回路各个系统更加详尽完整。教练员窗口如图 2-1 所示。

2.1.2 操作员台

操纵员台是提供操纵员培训、操作、学习的人机界面。界面包含电站所有主要系统的流程图，包括一回路的主冷却剂系统、反应堆堆芯、稳压器、化学和容积控制系统、余热排出系统，二回路的发电机与电气部分、主蒸汽和高压缸系统、汽水分离再热器系统、低压缸系统等 19 个系统图，使学员借助系统图主菜单直接进入系统流程图，且每幅流程图能够显示所有设备的运行状态和参数，通过点击鼠标相应设备可弹出设备控制窗进行操作。同时操作员台还设有参数曲线监视分析工具，能够根据机组运行状态实时通过曲线记录各参数变化情况，包括堆芯热功率、堆芯反应性、稳压器压力、稳压器水位、冷却剂平均温度、RCV 上充下泄流量、堆芯硼浓度等 81 个参数。除此之外，操纵员站还具有其他的辅助功能，如停

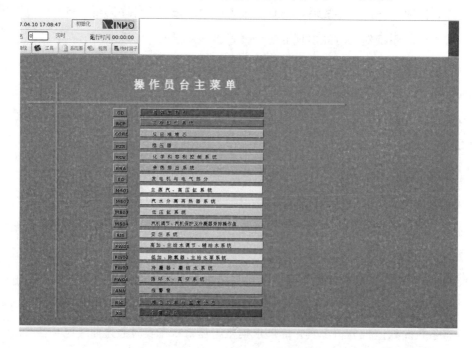

图 2-1　教练员窗口

堆首发信号提示、安注首发信号提示、水蒸气表、报警窗、改变视图大小、利用快时因子放大运行倍速、PT 图和梯形图动态显示等。操作员主菜单如图 2-2 所示。

图 2-2　操作员主菜单

本文选取操作员台中几个重要的系统进行简要的介绍和分析。

2.1.3 总体流程图

图 2-3 所示为总体流程。

图 2-3 总体流程

2.2 核电厂主要系统与设备

压水堆核电厂主要由压水反应堆、反应堆冷却剂系统（简称一回路）、蒸汽和动力转换系统（简称二回路）、循环水系统、发电机和输配电系统及其辅助系统组成。

一回路系统由反应堆压力容器、控制棒传动机构、稳压器、蒸汽发生器、反应堆冷却剂泵等设备组成。系统由三条冷却剂环路组成，每条环路设置有一台冷却剂泵和一台蒸汽发生器，三条环路设有一台稳压器。

二回路系统由汽轮发电机组、凝汽器、蒸汽管道、除氧器、给水泵、再热器等设备组成。

通常一回路系统利用核能产生蒸汽，二回路系统用蒸汽生产电能。

2.2.1 反应堆堆芯

堆芯是反应堆的核心部件，用来产生系统所需的热源。堆芯有很强的放射性，由若干个尺寸相同、截面为正方形的燃料组件排列而成。堆芯按燃料组件的浓缩程度分为三个区域，第一区和第二区分别由富集度为 2.4% 和 1.8% 的低浓缩度燃料组件以棋盘状排列在堆芯内区组成，第三区则由富集度为 3.1% 的高浓缩度燃料组件在堆芯外区放置组成。

堆芯由以下各个组件组成：

（1）燃料组件。燃料组件由燃料元件棒和定位组件骨架组成，呈 17×17 正方形栅格排列，总共有 289 个栅格，其中有 264 个燃料元件棒，24 个控制棒导向管，1 根通量测量管，用来作为测量机组运行过程中堆芯内中子通量的通道。

（2）控制棒组件。控制棒组件是反应堆的主要控制部件，吸收中子能力强，可以快速控制反应性，在反应堆正常工况运行时可以提供正常的启停堆，调节反应性的微小变化，在反应堆事故工况运行时，可以快速下插，紧急停堆，保证核电厂的安全。

（3）可燃毒物组件。可燃毒物组件作为在新堆后备反应性过大时运行的安全措施，在参与新堆运行时补偿堆内过剩反应性。

（4）阻力塞组件。阻力塞组件插在空导向管内来防止堆芯冷却剂旁路，避免冷却剂不必要的损失。

（5）中子源组件。中子源组件分为初级中子源组件和次级中子源组件。初级中子源组件用于在新堆初次启动时产生裂变和指示中子水平的中子。次级中子源组件在大修后产生一定量用于启堆和测量的中子通量。

反应堆堆芯如图 2-4 所示。

图 2-4　反应堆堆芯

堆芯分布如图 2-5 所示。

图 2-5　堆芯分布

2.2.2　主冷却剂系统

反应堆冷却剂系统也叫作一回路系统，一回路系统由反应堆压力容器、控制棒传动机构、稳压器、蒸汽发生器、反应堆冷却剂泵等设备组成，如图 2-6 所示。系统由三条冷却剂环路组成，每条环路设置有一台冷却剂泵和一台蒸汽发生器，三条环路设有一台公用的稳压器。同时反应堆的化学和容积控制系统、安注系统、余热排出系统等辅助系统都与冷却剂系统相连。在一回路中，通过冷却剂的流动，热量从堆芯燃料元件带出核裂变热，然后经过蒸汽发生器与二回路的工质进行换热，把一回路的热量传递给二回路，带动汽轮发电机组发电，再经主冷却剂泵升压返回反应堆。

反应堆冷却剂系统除了在核电厂正常功率运行时导出堆芯的热量，通过蒸汽发生器传递给二回路工质，还能在停堆后及时通过蒸汽发生器的换热器将堆内的衰变热带走。同时反应堆冷却剂系统构成了一个压力边界屏障，阻止反应堆中的裂变产物释放到环境中，系统中的稳压器可以调节系统的压力，防止压力变化引起的设备损伤，同时反应堆冷却剂可以作为可溶化学毒物硼的载体，起到慢化剂和反射层的作用。

2.2.3　化学与容积控制系统

核电厂一回路辅助系统主要包括化学与容积控制系统、硼和水补给系统、堆余热排出系统。化学与容积控制系统是反应堆冷却剂系统的主要辅助系统，它是一个封闭的加压系统，化学与容积控制系统在正常运行工况时对系统进行容积控制、化学控制和反应性控制。

图 2-6　反应堆冷却剂系统

当一回路冷却剂温度变化、一回路冷却剂泄漏引起冷却剂体积波动和加硼或者减硼导致容积波动，为了弥补稳压器因此造成的容积变化、保持稳压器的液位和压力，需要对一回路进行容积控制。

当燃料包壳破损，导致燃料中的裂变产物进入一回路冷却剂中，或者水中含有的杂质使金属产生化学和电化学腐蚀，生成的腐蚀物质在冷却剂中受到中子辐照生成活化产物导致冷却剂水化学变化，此时为了清除冷却剂中的各种杂质，使冷却剂的水质及放射性指标维持在规定的范围内，同时最大程度控制各个部件的腐蚀，需要对一回路进行化学控制。

在功率运行过程中产生的有毒物质，裂变产物积累及燃耗，燃料的多普勒效应和慢化剂的温度效应，以及启停堆或负荷变化都会导致反应性的变化，为了满足核电厂运行的需要，通过调节冷却剂的硼质量分数来补偿反应性的慢变化，并在运行过程中保证足够的停堆深度，需要对一回路进行反应性控制。

化学与容积控制系统实行上述功能需要相应的线路，因此系统主要由下泄回路、净化回路、上充回路、轴封水及过剩下泄回路、低压下泄管线及除硼管线六个回路组成。每个回路在系统图中都有体现。化学与容积控制系统如图 2-7 所示。

（1）下泄回路。正常下泄是两次降温降压的过程，主要作用是使下泄流降温降压。

下泄流自 RCP 的 2 环路或 3 环路冷段引出，其压力和温度分别为 15.5MPa 和 292℃，经过 RCV003VP 气动隔离阀进入再生式热交换器 001EX 壳侧，使下泄流的温度降至 140℃，

图 2-7　化学与容积控制系统

与此同时，管侧内的上冲流温度上升，然后下泄流经过三组并联的降压孔板 RCV001，002 和 003DI（正常运行时只有一组开启），此时，下泄流的压力降低到 2.4MPa，然后再经过气动隔离阀进入下泄热交换器 RCV002RF 的管侧，在热交换器壳侧的冷却水给下泄流继续降温，然后下泄流经下泄控制阀 RCV013VP 在此降压至 0.2～0.3MPa 进入净化单元。

（2）净化回路。净化回路的主要作用是净化水质。

下泄流经三通阀 RCV017VP 进入并联的两台混床除盐器中的一台，除去大多数多余的产物，再进入阳床除盐器除去铯、钼和锂离子，使水质得到净化，下泄流再经过滤器后进入容控箱。当下泄流温度高于 57℃ 时，三通阀 RCV017VP 将下泄流导向旁路管线，经过 RCV030VP 或进入容控箱，流进硼回收系统，避免离子交换树脂受到高温而破坏，同时当容控箱液位高时，RCV030VP 便将下泄流的一部分或全部导向硼回收系统。

（3）上充回路。上充泵采用卧式多级离心泵，上充回路从容控箱吸水，升高水压到一回路压力以上。当上充泵将下泄流的绝对压力提高至一定数值时，冷却剂流动方向主要分为三路。第一路经上充流量调节阀 RCV046VP 进入主系统 1 环路或者 2 环路的冷端；第二路经轴封水流量调节阀 061VP 进入轴封水回路；第三路当主泵停止运行，稳压器无法正常喷淋时，此时关闭 RCV050VP 隔离阀，上充管线则经手动隔离阀 RCV227VP 提供辅助喷淋水。

（4）轴封水及过剩下泄回路。轴封水回路是上充泵流量的一部分，轴封水流经过两台并联过滤器中的一台，除去部分杂质后进入主泵 1 号轴封，轴封水回流经过滤器除去固体颗粒再经轴封回流热交换器 RCV003RF 冷却后返回上充泵的入口。

过剩下泄在正常回流和正常下泄不可用时从 2 环路过渡段引出，使注入的主泵轴封水流出来维持主系统的总水量。过剩下泄流经过剩下泄热交换器 RCV021RF 冷却，由隔离阀降压后由三通阀控制或与轴封水回流混合，或者流入疏水系统和核岛排气系统。

（5）低压下泄管线。当一回路系统压力较低时，这时便会从余热排出系统的出口引出一条下泄流，经 RCV310VP 及 RCV082VP 进入下泄回路，这一条管线就称为低压下泄管线。

（6）除硼管线。当一回路系统硼浓度过高时，需要进行除硼操作，此时，由下泄流经三通阀进入硼回收系统的除硼单元，经过处理后，再返回容积控制箱，这条管线就称为除硼管线。

2.2.4　余热排出系统

余热排出系统又称为停堆冷却系统。反应堆停堆后，裂变碎片及衰变热不能通过蒸汽发生器正常排出，为了确保堆芯的安全，同时通过冷却剂循环泵有效地带出堆内结构的显热，因此设置了余热排出系统。余热排出系统还用来排出一回路冷却剂和设备的显热，以及主冷却剂泵在运行中产生的热量。余热排出系统如图 2-8 所示。

图 2-8　余热排出系统

余热排出系统设有两台余热排出泵，两台余热排出热交换器，还有一些相应的阀门和管道。余热排出系统从一回路 2 环路的热管段吸水，进入设有泄压阀的母管，水流经两个余热排出泵 RRA001、002PO 进入两个余热排出热交换 RRA001、002RF 及一个带有隔离阀 RRA013VP 的旁路管线后汇合。在汇合出口的三条管线中引出一条泵的最小流量管线到泵的入口处，第二条到化学与容积系统的低压下泄管线，第三条管线与 PTR 系统连接，然后通过中压安注系统的管线分别回到一回路 1、3 环路的冷管段。

2.2.5 稳压器

稳压器是反应堆冷却剂系统的压力控制和保护装置，如图 2-9 所示。稳压器在运行中有如下功能：

（1）压力控制。

（2）压力保护。

（3）作为一回路冷却剂的缓冲箱，稳定 RCP 水容积。

（4）RCP 升压和降压。

（5）除气。

图 2-9 稳压器

反应堆冷却剂系统是一个充满高温高压水的封闭回路。正常功率运行时，稳压器内的水由加热器加热处于饱和状态。这时系统内任何温度变化都可能引起水密度的变化。体积跟随密度变化而使系统压力产生巨大的变化。当稳压器内的电加热器加热水时，稳压器的压力就发生了巨大的变化，稳压器通过吸收系统巨大的体积变化来维持系统的压力，避免事故发生时一回路设备的损坏。

稳压器系统主要包括稳压器本体结构、稳压器喷淋系统、电加热器、超压保护装置和稳压器卸压箱等设备。

（1）喷淋系统。喷淋系统主要由主喷淋、连续喷淋、辅助喷淋管线组成。主喷淋系统由两条接到一、二环路冷管段的喷淋管线组成，每条喷淋管线上设有一个自动控制的主喷淋阀，分别为 RCP001、002VP，系统由 RCP 系统冷管段引入水通过主喷淋阀以及稳压器顶部的喷嘴进入稳压器空间。

连续喷淋：保持一个小流量连续喷淋来降低喷淋阀开启时对稳压器各管道的热应力，同时保持稳压器内的水温和化学性质的一致性。

辅助喷淋：辅助喷淋管线与 RCV 系统的上充管线相连，通过一个止回阀 RCP36VP，在喷淋阀的下游与喷淋管路相连，用于在反应堆冷却剂泵停运期间由上充泵提供辅助喷淋降低稳压器压力。

（2）电加热器。60 根电加热器，分为 6 组，为 RCP01～06RS。其中 3、4 组为比例组，其余四组为固定组。

RCP03、04RS 两组比例式加热器以可调方式运行，主要补偿散热损失。RCP01、02、05、06RS 四组通断式加热器以通断方式运行，功率不可调，当稳压器压力降低时投入运行，加热稳压器中的水来补充压力的变化。

（3）压保护装置。稳压器汽空间有三条安全阀泄压管线，三个保护阀 RCP020、021、022VP，三个隔离阀 RCP017、018、019VP。每条安全阀管线由一个保护阀和一个串联的隔离阀组成。在正常运行时，保护阀处于关闭状态，而隔离阀处于开启状态。当 RCP 压力升高时，保护阀自动开启排出蒸汽使系统压力降低至一定压力后，保护阀自动关闭停止蒸汽输出。如果保护阀发生故障不能自动关闭，操作员可以手动操作关闭与其相连的隔离阀来阻止蒸汽进一步排放可能导致的泄漏事故。

（4）稳压器卸压箱。卸压箱主要用于收集稳压器、余热排出系统、化容系统的安全阀以及一回路其他系统的阀杆排放或者泄漏的冷却剂，防止一回路系统中有放射性的冷却剂对周围设备造成污染。

2.2.6　蒸汽发生器

蒸汽发生器是压水堆核电厂一回路、二回路的枢纽，它将反应堆产生的热量传递给蒸汽发生器二次侧，产生蒸汽推动汽轮机做功。蒸汽发生器又是分隔一次侧、二次侧介质的屏障，它对于核电厂的安全运行十分重要。

蒸汽发生器可按工质流动方式、传热管形状、安放形式及结构特点分类。按二回路工质在蒸汽发生器中的流动方式，可分为自然循环蒸汽发生器和直流（强迫循环）蒸汽发生器；按传热管形状，可分为 U 形管、直管、螺旋管蒸汽发生器；按设备的安放方式，可分为立式和卧式蒸汽发生器；按结构特点，还有带预热器和不带预热器的蒸汽发生器。尽管核电厂采用的蒸汽发生器形式繁多，但在压水堆核电厂使用较广泛的只有 3 种，分别是立式 U 形管自然循环蒸汽发生器、卧式自然循环蒸汽发生器和立式直流蒸汽发生器，其中尤以立式 U 形管自然循环蒸汽发生器应用最为广泛，由壳体、封头、自然循环立管式蒸汽段管束（给水加热汽化）以及双极机械干燥器（新蒸汽机械除湿）组成，主要功能有：

（1）利用冷却剂从反应堆一回路带走热量，加热二回路给水使之汽化产生饱和蒸汽，干燥之后供给汽轮机。

（2）作为一、二回路之间的枢纽（隔离作用、热力联系）。

（3）作为反应堆压力边界的一部分（管板和 U 形管）。

典型压水堆核电厂蒸汽发生器如图 2-10 所示。

图 2-10　典型压水堆核电厂蒸汽
发生器

1—蒸汽出口管嘴；2—蒸汽干燥器；
3—旋叶式汽水分离器；4—给水管嘴；5—水液
6—防振条；7—管束支撑板；8—管束围板；
9—管束；10—管板；11—隔板；
12—冷却剂出口；13—冷却剂入口

2.2.7　冷却剂泵

压水堆冷却剂泵（简称主泵），它是在高温高压情形下驱动带有放射性的冷却剂的装置，使冷却剂形成强迫循环。冷却剂泵是压水堆冷却剂环路系统中唯一高速运转的机械设备，也是压水堆电厂的关键设备之一。

反应堆冷却剂泵采用立式单级轴封泵，从底部到顶部可以分为三个部分：

（1）水力机械部分：包括吸入口和出水口接管、泵壳、叶轮、扩压器和导流管、泵轴、水泵轴承和热屏等部件。

（2）轴密封组件部分：包括三个轴密封等部件。

（3）电动机部分：包括电动机、止推轴承、上下径向轴承、顶轴油泵系统和惯性飞轮等部件。

压水堆冷却剂泵结构如图 2-11 所示。

左侧标注	右侧标注
顶轴油泵	飞轮
电动机上部径向轴承	油冷却器
止推轴承	
冷却器	电动机下部径向轴泵
电动机定子	电动机轴
电动机转子	短轴
电动机支座	泵轴
轴封	泵轴承
热交换器	扩压器
泵排出口	泵壳
叶轮	导液管
	泵吸入口

图 2-11 压水堆冷却剂泵结构

2.3 热力系统仿真建模基本介绍

2.3.1 系统建模与仿真的基本理论

在进行热力系统建模与仿真之前，需要对系统建模与仿真的概念有一个清晰的认识。

（1）系统。古希腊哲学家德谟克利特写的《世界大系统》一书，第一次提到了"系统"的概念。恩格斯在谈到自然科学研究方法和思维方法从旧的形而上学过渡到系统地研究事物变化的方法时，认为这一认识上的飞跃是"一个伟大的基本思想"，即认为世界不是一成不变的事物的集合体，而是过程的集合体。恩格斯所说的过程的集合体，就是系统的哲学概念。

系统真正作为一个科学概念进入科学领域是在 20 世纪 40 年代，美国人在工程设计中应用了这一概念。到了 50 年代以后，系统概念的科学内涵才逐步明确，并在工程技术系统的研究和管理中得到了广泛的应用。所谓系统，就是由一些具有特定功能的、相互间以一定规律联系着的物体（又称子系统）所构成的有机整体，其组成要素分别为实体、属性和活动，具有整体性、相关性和隶属性三个特性。下面介绍系统的组成要素和特性。

1）组成要素——实体、属性、活动。实体就是存在于系统中的具有确定意义的物体，例如电力拖动系统中的执行电动机和热力系统中的控制阀；属性即实体所具有的任何有效特征，例如温度、控制阀的开度、传动系统的速度等；活动可分为内部活动与外部活动，系统内部发生的任何变化过程称为内部活动，反之称为外部活动，例如控制阀的开启为热力系统的内部活动，电网电压的波动为电力拖动系统的外部活动（即外部扰动）。

2）特性——整体性、相关性、隶属性。整体性，即系统各部分（子系统）不能随意分割的特性，例如任何一个闭环控制系统的组成中，对象、传感器及控制器缺一不可；相关性，即系统各部分（子系统）以一定规律和方式联系，由此决定系统性能的特性，例如电动机调速系统是由电动机、测速机、PI 调节器、功率放大器等组成，形成电动机可调速的性能；隶属性，即系统内部与外部的界限随不同研究目的而变化的重要特性，分清系统的隶属界限往往可使系统仿真问题得以简化，有效提高系统仿真工作的效率。

系统是一个整体，是由两个以上的要素（部分、环节）组成的集合，具有不同于各个组成部分的新功能。世界上一切事物、现象、概念，都可以构成系统。作为构成系统的要素可以是单个事物，也可以是一群事物组成的小系统。单个要素不能构成系统，同时没有统一功能的要素集合体不能构成一个系统。例如，机器零件的杂乱堆积不能构成一个系统，只有当它们按照一定关系装配起来，完成一些特定功能的时候，才构成一个系统。因此，系统是处于一定的相互关系中要素的集合，与环境交互完成特定功能。我国科学家钱学森主张"把极其复杂的研究对象称为系统，即相互作用和相互依赖的若干部分合成的具有特定功能的有机整体，而这个系统本身又是它所属的一个更大系统的组成部分"。

系统是一个涉及面广泛、内涵丰富的概念。不同的学科和领域所研究的系统的侧重点也有所不同。正因为如此，人们根据不同的出发点、目的、角度和思维方式，给系统确定了不同的界限，下了不同的定义。根据这些定义，系统可分为三类，第一类是把系统看作数学模型的一类，如"系统是用来表达动态现象模型的数学抽象"；第二类是通过"元素""关系""联系""整体"和"整体性"这些概念给系统下定义，如"系统是各个实体连同它们之间的关系和它们属性之间的关系的集合"；第三类是借助"输入""输出""信息加工""管理"这些概念给系统下定义，如"系统是本质或事物、有生命或无生命物体的集合体，它接受某种输入并按照输入而产生某种输出，而其目的则在于使特定的输入和输出功能得到最佳的发挥"。有些大系统是由这三类系统集合的系统，即含有前三类系统中任意两个或三个的子系统，如核电系统，其中动力子系统、管理子系统和计算机子系统分别属于第一、二、三类。

系统仿真是基于系统模型的活动，系统是研究的对象，模型是对研究对象本质的描述，因此仿真的关键是建模。模型，通常就是原型的模板，是对系统的描述和模仿。系统的模型是依据对系统的内部结构和外部环境的分析，按照系统的目标要求，用一组数学的或逻辑的表达式或框图，从整体上反映系统的主要部分和各部分的相互作用、系统与环境的相互关系。运用模型来描述系统及其行为，要对系统做某种简化，突出主要部分，略去次要部分，集中反映系统最本质的特征，或者反映人们最关心的系统的功能要求。在考虑模型这种简要性的同时，还得考虑模型的精确性。所谓精确性，是指系统的模型要充分反应系统的基本特征。这两方面的要求，有时会有冲突：为模型的精确性，就要把许多关系不大的因素纳入模型，使模型复杂起来；为简要性，又会忽略有些重要因素，降低精确性。建立一个好的系统模型，应当同时兼顾其精确性和简要性，把两者有机地结合起来。在实际过程中，人们一般先考虑模型的简要性，然后再逐步细化，构造一个精确的模型。

（2）建模。建模，即建立系统模型，是把现实或假想的系统的各要素之间的相互关系和相互作用，局部功能和系统总体功能，系统与环境的关系和相互作用，特征和变化规律转化为计算机能接受的逻辑模型，是一个用模型代替原型的抽象过程。建模时必须明确建模的目的和要求，目标不同，模型的选择也就不同。建模包括两方面内容：第一是建立模型结构，第二是提供数据。在建立模型结构时，要确定系统的边界，还要鉴别系统的实体、属性和活动；提供数据则要求能够包含在活动中的各个属性之间有确定的关系。在选择模型结构时，要满足两个前提条件：一是要细化模型研究的目的，二是要了解有关特定的建模目标与系统结构性质之间的关系。一般来说，系统模型的结构具有以下性质。

1）相似性。模型与所研究系统在属性上具有相似的特征和变化规律，这就是说，真实系统的"原型"与"替身"之间具有相似的物理属性或数学描述。

2）简单性。从实用的观点来看，由于在模型的建立过程中，忽略了一些次要因素和某些非可测变量的影响，实际的模型已是一个被简化了的近似模型。一般而言，在实用的前提下，模型越简单越好。

3）多面性。对于由许多实体组成的系统来说，由于其研究目的的不同，就决定了所要收集的与系统有关的信息也是不同的，所以用来表示系统的模型并不是唯一的。由于不同的分析者所关心的是系统的不同方面，或者由于同一分析者要了解系统的各种变化关系，对同一个系统可以产生相应于不同层次的多种模型。

建模时，必须遵循以下两条最基本的原则。

1）数据的可靠性。为了对系统进行准确的描述，建模时，收集的数据和有关的信息必须准确可靠，否则会造成很大偏差。

2）系统的相似性。模型必须与被模拟系统有某种程度的相似性，即相似性原理是建模的基础。许多模型之所以失效，是因为缺乏同实际系统的相似性，可信度差。

在建模关系中，建模者最关注的是模型的有效性，它反映了建模关系正确与否，即模型如何充分地表示实际系统。模型的有效性可用实际系统数据和模型产生的数据之间的符合程度来度量，可用等式象征性地描述为：

实际系统数据≈模型产生数据

模型的有效性用符合程度来度量，它可分成三个不同级别的模型有效：

1）复制有效（replicatively valid）。建模者把实际系统看作一个黑箱，仅在输入与输出行为水平上认识系统。这样，只要模型产生的输入与输出数据与从实际系统所得到的输入与输出数据是相匹配的，就认为模型复制有效。实际上，这类有效的建模只能描述实际系统过去的行为或试验，不能说明实际系统将来的行为，是低水平的有效。

2）预测有效（predictively valid）。建模者对实际系统的内部运行情况了解清楚，也就是掌握了实际系统的内部状态及其总体结构，可预测实际系统的将来的状态和行为变化，却对实际系统内部的分解结构尚不明了。在实际系统取得数据之前，能够由模型看出相应的数据，就可以认为模型预测有效。

3）结构有效（structurally valid）。建模者不但搞清了实际系统内部之间的工作关系，且了解了实际系统的内部分解结构，可把实际系统描述为由许多子系统相互连接起来而构成的一个整体。结构有效是模型有效的最高级别，不但能重复被观察的行为，而且能反映实际系统产生这个行为的操作过程。

系统综合模型初步建好后，可根据此模型编写计算机程序，转换成仿真模型。将仿真模型输入仿真系统运行，然后对实验结果是否符合真实目的和要求做出评价。对模型反复实验，分析比较实验结果，不断修改，直到满意为止。

（3）仿真。仿真是利用模型复现实际系统的运行，并研究存在的或设计中的系统的过程。当所研究的系统造价昂贵、实验的危险性大或需要很长的时间才能了解系统参数变化所引起的后果时，仿真是一种很有效的研究手段。"仿真"一词译自英文 simulation。在 1978年出版的《系统连续仿真》一书中，科恩（Korn）给出了系统仿真的技术性定义："用能代表所研究的系统的模型做实验。"1982 年，斯普瑞特（Spriet）又对系统仿真的内涵进一步补充，把系统仿真定义为"所有支持模型建立与模型分析的活动"。1984 年，奥伦（Oren）建立了系统仿真的基本概念框架："建模—实验—分析"。"系统、模型、仿真"三者之间联系密切，系统是研究的对象；模型是系统的抽象，是实际系统的替代物或模仿品；仿真则是基于系统建模和实验分析研究系统的过程。事实上，系统仿真就是通过对替代物或模仿品的实验分析对与之相似的原型系统进行研究的过程。

根据被研究的实验系统的特点和仿真的目的与要求，系统仿真可分为三类。

1) 逻辑仿真。此类仿真系统只包括计算机软硬件设备，无须做模拟的各种物理设备。这类仿真主要是建立系统与逻辑模型（包括数学模型），在计算机上反复做实验，再现和评价系统或分系统的特性。逻辑仿真适用于研究开发、方案论证和产品设计。

2) 实物仿真或半实物仿真。仿真系统除了计算机外，还要求有相应的物理设备与计算机连接起来构成回路进行仿真试验。被控制对象的动态特性仍通过建立数学模型在计算机上运行。此类仿真必须实时进行。

3) 有人仿真。操作人员或培训人员在系统回路中进行操纵的仿真试验。它要求有相应的形成人的感觉环境的多种物理设备。被控对象的动态特性仍通过建立的数学模型在计算机上运行。这种仿真试验能对模拟器性能，回路中的操作人员的技能和素质，或对人－机系统做出评价，必须实时进行。人员培训的仿真系统一般称为模拟器。前两类仿真都属于无人仿真。在前两类仿真的基础上，这类仿真构成的系统有人的直接参与，人与计算机和各种物理设备组成回路，通过各种信息输入、输出、信息加工和管理进行培训，掌握必要的操作技能。

现在，仿真的主要工具是计算机，计算机从诞生之日起就一直为人类服务，如今已经深入到各个行业和领域当中。目前，在世界范围内大多采取系统仿真技术当中的程序仿真方法来进行核电厂热力系统的特性研究，也就是基于各类守恒方程和描述系统特性的函数，对其进行转化，通过编程的方法完成仿真建模，对模型进行编译和运行，经过反复调试和校正达到足够的计算精度，便可以用来进行实验。仿真系统可以用于机组运行的仿真实验，通过对负荷运行以及各类常见故障发生的模拟，来验证或预测设备在实际工程中的参数响应特性，对实际系统过程或装置结构的优化进行辅助研究。

2.3.2　系统建模与仿真的应用

系统建模与仿真技术的突出优点在于能够在一个系统实际运行之前对它的运行性能进行模拟，并在不干扰实际系统的情况下比较各种方案的优劣，为决策提供科学依据。应用系统建模与仿真技术，人们可以用较小的投资大幅度降低决策风险。应用上的可靠性和经济性以及计算机技术的突飞猛进，推动系统建模与仿真技术的广泛和大规模应用。尤其是对投资大、风险大的大型项目，如航空、航天、战略武器系统、计算机集成制造、并行工程等领域，应用效益非常显著。1992 年，美国政府将系统建模与仿真技术确定为影响美国国家安全及繁荣的 22 项关键技术之一。

（1）航空航天。由于航空航天领域产品十分复杂且造价昂贵，具有投资大、风险大的大型项目的典型特征。人们正是在经历沉痛的失败教训之后才开始认识到系统仿真实验体系的重要性。例如，美国航空宇航局 1958 年进行了四次人造卫星发射，全部以失败而告终；

1959 年发射成功率仅为 57％。通过不断总结经验教训，为有效化解风险，提高项目成功概率，美国航空宇航局逐步建立起一套发射系统仿真实验体系，使发射成功率迅速提高。20世纪 60 年代发射成功率已达 79％，到 70 年代达到 91％。随着空间发射系统仿真实验体系的逐步完善，美国空间发射计划失败的情形近年来已经很少发生了。据测算，飞机研制项目采用系统仿真技术，通常可使研制投入减少 20％左右，同时使研制周期缩短 10％以上。为保证飞行器研制项目从设计到定型生产全过程的经济性、安全性、可靠性，继西方主要发达国家之后，我国航空航天工业也建立了自己的仿真实验机构，并形成了三级仿真实验体系。专门用于飞行员训练的模拟驾驶系统和用于宇航员训练的太空飞行仿真模拟器的投入使用，使飞行员和宇航员的培养效率得到大大提高。

（2）电力工业。随着单元发电机组容量的不断增加，电力系统成为一个高度复杂的系统，人们对电力系统运行安全性、稳定性的要求也越来越高。因此，电站仿真系统已成为电站建设和运行管理中必不可少的配套装备，同时系统仿真技术也是优化电力系统负荷配制、实现瞬态稳定性控制、确保系统安全运行的主要手段。

（3）原子能工业。能源紧张的局势使得和平利用原子能成为人们缓解能源危机的重要选择。核电厂运行的安全性、稳定性、可靠性则是人类和平利用原子能过程中首先要解决的问题。核电厂运行仿真系统伴随着核电厂的出现而问世，为确保核电厂安全运行发挥了重要作用。

（4）石油、化工、冶金工业。由于石油、化工、冶金工业生产过程十分复杂，产品设计、工艺流程规划、生产计划安排、生产过程控制、产品性能分析和质量检验、原材料、产品的物流和库存管理等涉及的因素众多，系统仿真技术在提高石油、化工、冶金工业生产和管理效率方面发挥了重要作用。

（5）政策仿真。政策仿真是信息时代多学科交叉的产物，已被广泛应用于国家发展政策、地方社会经济政策和企业发展政策制定等领域。人们通过建模、仿真辅助决策部门完成政策方案的制定和政策效果的评估，起到对历史发展政策进行反思、对现实发展过程进行监测预警、对未来发展前景进行预测分析的功效。美、澳、加、日、德等西方国家都曾投入大量资金建立具有一定规模的仿真系统，对进出口、投资、消费、汇率、利率、能源、环境、就业、住房、技术变化、财政、税收、人口政策、社会福利、农业政策等进行仿真分析，为政府决策提供支持。近年来，我国学者和政府决策咨询机构在政策仿真系统研究开发领域也开展了富有成效的工作。

（6）气候、环境变化。20 世纪 80 年代，国际上兴起了全球环境变化的研究。该研究把地球的各个部分（大气、水、冰雪、陆地、生物）作为一个整体，研究其中各种过程的相互作用，从而进行包括气候在内的全球环境演变研究。在欧盟科学家研究工作的基础上，联合国成立了一个旨在研究气候变化的科学研究机构——政府间气候变化专门委员会（IPCC）。IPCC 的气象学家通过模型来模拟最近的气候变化时，也会考虑到地球轨道、太阳能量、火山爆发等变化。IPCC 发布的第四次评估报告指出：大部分温度上升，有很大的可能性与人类活动产生的温室气体排放相关，并提出 2℃（相对于 1860 年）是人类可容忍的最高升温。我国符淙斌院士领导的研究组发展了一个区域环境系统集成模型，成为区域环境变化预测的一个重要工具。该模型初步实现了大气动力过程与辐射过程、化学过程和水文过程的耦合，可以较好地描摹季风环境系统中水、土、气的相互关系和模拟东亚季风气候。

2.3.3 核动力装置仿真技术的发展趋势

核动力装置仿真技术的涉及范围随着核动力装置技术水平的提高而扩大。当前已提出基于仿真的设计、基于仿真的工程、全生命周期的仿真和分布仿真等方面的任务要求，即对全部设计任务、全部工程项目、核动力装置的整个生命周期都能进行高度逼真的仿真，从而达到做出正确决策，指导科学研究、系统开发与生产实践，培训操作人员和决策人员的目的。随着对仿真理论、方法研究的深入与涉及范围的扩大以及相关学科的发展，当前发展核动力装置仿真技术主要有以下趋势：

（1）向多维度发展。核动力装置涉及反应堆物理、热工水力、控制、化工、燃料、机械等多门学科，存在复杂的运行工况和物理过程。核动力装置的设计、运行对时空一致、任务协同、实时性和实用性等方面要求很高，因而在这类复杂仿真系统中有很多复杂、艰巨的技术问题亟待解决。近几年出现的数字化反应堆技术是对反应堆多物理场、多维度耦合问题的有效解决方法。

（2）向快速、高效与海量信息通道发展。对大型复杂系统、分布系统和综合系统进行实时仿真，由于信息量庞大，必须进行快速、高效传输、变换和处理。为了解决此类问题，近年来出现了并行计算、分布计算及模块化建模等先进仿真方法，并且有些已形成了较成熟的软件，在今后的仿真实践中应该注意综合使用以提高计算效率。

（3）向规模化模型校对与确认技术发展。数学模型与仿真模型建立后，如果没有规模化模型校对与确认来检验、评价模型的正确性和置信度，仿真的精度和可靠性是无法保证的。目前，仿真模型的校对与确认方法是分析系统模型可信性和提高仿真结果可信度的重要方式、目前已经引起仿真学界的高度重视。

（4）与虚拟现实技术相结合。虚拟现实是一种可以创建和体验虚拟世界的计算机仿真系统，可将真实环境、模型化物理环境和用户融为一体，为用户提供逼近真实的视觉、听觉和嗅觉感官，使人有身临其境的感觉。目前，已提出了基于三维数字化设计和虚拟仿真技术的数字化核电厂概念，并在核电厂设计、虚拟建设、运行、培训、管理和维修模拟中得到初步应用。

（5）向高水平的一体化、智能化仿真环境发展。开展仿真科学研究，需要一体化、智能化仿真环境这样有效的支撑工具。经过多年的发展，目前的仿真支撑软件的功能不断增强，已具备模型运行和调试、数据库管理及自动建模等功能，界面设计更加人性化，使用也更为便捷。新一代核动力装置仿真支撑软件将是多功能、多用途的集成仿真应用平台，能够提供多种仿真工具，全面支撑网络环境下的实时分布式仿真设计、开发多种应用软件，支持实时信息传输、访问、控制和异构环境下的并行仿真设计。

（6）向更广泛的应用领域扩展，与其他有关学科融合。由于核动力装置仿真对象越来越广泛、复杂，仿真技术的应用领域也越来越广泛，相关学科不断增多，学科之间的联系日趋密切。仿真技术研究人员应该敏锐地洞察这一趋势，抓住机遇，使系统仿真向更广泛的应用领域扩展，并及时与相关学科融合，协同开拓新的研究领域。

压水堆核电厂
虚拟仿真技术与实验
Pressurized Water Reactor Nuclear Power Plant
Virtual Simulation Technology and Experiments

第三章

核电厂启动过程实验

核电厂启动是指核电厂从维修冷停堆状态到满功率运行状态的过程，这是一个非常复杂的过程。在这个过程中，反应堆的各项参数会有较大的变化，阀门的开闭和泵的启停操作非常频繁。在这样的情况下，使用核电模拟机对整个过程进行模拟仿真，具有经济、方便、快捷的优点。

为方便实验分阶段进行，将上述过程分为从正常冷停堆向热备用状态过渡、RRA隔离至热停堆状态、反应堆趋近临界和热备用、汽轮机同步并网四个实验，见表 3 - 1。

表 3 - 1 核电厂启动过程实验

序号	实验名称	内容提要	实验要求	实验时数	所在实验室	备注
1	从正常冷停堆向热备用状态过渡	启动准备，RCP 升温，建汽腔		2	核电仿真实验室	
2	RRA 隔离至热停堆状态	RRA 隔离，热停堆		2		
3	反应堆趋近临界和热备用	达临界，热备用		2		
4	汽轮机同步并网	并网，升功率		2		

3.1 正常冷停堆向热备用状态过渡

3.1.1 启动准备

在启动时首先应该核对下列条件已经满足：

（1）至少一台 RCP 泵在运行。

（2）RCP 压力由 RCV013VP 自动控制在 2.5MPa。

（3）冷却剂温度控制在 60℃ 和 90℃ 之间。

（4）S 和 R 棒组完成提出。

（5）硼浓度 2100ppm（1ppm＝$1\mu L/L$）。

（6）稳压器安全阀 RCP020VP、RCP021VP、RCP022VP 关闭。

（7）SG 水位保持零负荷工况的参考水位（34％）。

在正常冷停堆下，这些条件都很容易满足。启动准备时主要需注意的是 SG 的水位，如果其值低于 34％，则用 ASG 补水，否则不需调整。

3.1.2　将 RCP 升温到 80℃

（1）在 RCP 里启动第二、三主泵（RCP002/RCP003PO）以加热一回路。

（2）通过操作 RRA 阀（24/25VP）调节流过 RRA 的流量，控制一回路升温速率。在 RRA 里减小流过 24/25VP 的流量，升温速率将会变大；反之，其升温速率将会变小。

（3）开启所有的稳压加热器，在 PZR 中通断式电加热器置手动并将其打开，并通过 PZR 压力控制器调整压力设定值高于当前值，2.5→2.7～2.9MPa。

（4）在 PZR 中，把稳压器喷淋阀（RCP001/RCP002VP）压力控制置手动，完全打开，以便冷却剂通过稳压器循环。

（5）在升温期间，监视温度变化速度，不能使其超过 28℃/h。此过程较慢，可用快时因子，可设 5～10 倍的快时因子。

（6）在 RCV 里把硼浓度稀释到热停堆硼浓度，约为 1200ppm（1ppm＝$1\mu L/L$）。稀释过程也比较缓慢，可用快时因子。但是操作时快时因子不能设置太大，否则稀释时间过短会引起压力降至警戒线外。

3.1.3　将反应堆冷却剂系统升温到 177℃

（1）首先准备投入 SG。

1）在 FW01 里核对通向 ASG003PO 的蒸汽隔离阀 ASG137VV 关闭。

2）在 MS01 里打开每条蒸汽管线上的 GCT‐A 隔离阀（VVP127VV、VVP128VV、VVP129VV）。

3）保持蒸汽发生器的水位在零功率水位（34％），如果蒸汽发生器水位高于参考水位，则在 RCP 里开启 APG 进行排污。

（2）然后开始建立汽腔。

1）当 RCP 温度达到 120℃时关闭喷淋阀（RCP001VP 和 RCP002VP 至零），以允许稳压器独立于反应堆冷却剂加热。

2）监视 RCP 升温速率。

3）监视稳压器升温速率，不能使其超过 56℃/h。

注意：在升温 120℃的过程中，需将 RRA 中的 024/025VP 调节到 0.24～0.25。

3.1.4 稳压器中形成汽腔

（1）当稳压器中温度达到 RCP 压力下的饱和点［2.5MPa.g（表压力），226℃］时，稳压器中开始形成汽泡。如果下述参数变化说明气泡已经形成。

1）在 RCV 里上充和下泄流量不匹配。

2）PZR 中波动管线温度增加。

3）RCP 压力保持不稳定。

（2）通过调节 RCV 里的 RCV046VP 手动减少上充流量到约 3.4m³/h，此时需 RRA 中的 024VP 和 024VP 至 0.1～0.2，以确保稳压。

（3）调整加热器功率维持稳压器压力，在 PZR 中关闭通断式电加热器，并把稳压器压力设定为 2.5～2.7MPa，2.6MPa 有利于稳压。

（4）当稳压器水位指示器上读出水位正在下降时：在 RCV 里将 RCV13VP 的控制模式由 RCP 切换至 RCV，此后进入窄量程测量范围。

（5）RCP 压力控制由稳压器的喷淋器和加热器控制。

1）关闭 RRA - RCV 连接管上的控制阀 RCV310VP。

2）调节 RCV013VP 的整定值，使下泄流量为 5m³/h。

3）逐渐打开 RCV310VP，以获得 28.55m³/h 的下泄流量。

（6）观察稳压器水位，逐渐降低。在此过程中，关小上充流量，加大下泄流量，把 PZR 水位调节到 17.6%（PZR 最低水位）。

3.2 RRA 隔离至热停堆状态

3.2.1 RRA 隔离

（1）汽泡形成以后，当 Tavg 超过 160℃时，准备隔离 RRA。最好将 RCP 的温度调节到 160～180℃之间，可以用 GCT 大气排放阀来控制 RCP 温度，并隔离 RRA。在隔离 RRA 之前，执行下列操作：

1）调整 GCT - A 的整定值到 SG 当前值，以维持一回路温度在 180℃之内。

2）当稳压器水位接近零负荷整定值时，在 RCV 里调节 RCV046VP 将上充流量控制转为自动，以保证稳压器水位稳定。

3）调节 RCV013VP 的压力整定值 1～1.5MPa。

4）在 RCV 里关闭 RRA310VP。

5）待 RRA 热交换器上游的温度小于 50℃时，依次关闭 RRA 出口、进口阀 RRA001VP

和 021VP。

6）开启 RCV366VP。

（2）RRA 隔离后，及时提升一回路压力，调整 PZR 压力设定值。

3.2.2　继续对 RCP 升温加压至热停堆状态

（1）继续对 RCP 升温和加压，从 180 到 291.4℃。

1）通过主泵加热继续增加 RCP 温度，在升温过程中监测 RCP 温度及其梯度。

2）在 RCP 压力上升期间（接近 85bar 时）隔离一个下泄孔板（1bar＝0.1MPa），在到达热停堆工况前隔离另一个下泄孔板，以保持下泄流量低于 27m³/h。

3）适时调整压力整定值，通过自动控制，使主系统（压力、温度）保持在 P - T 图范围内。

4）通过调节 GCT - A 整定值保持 RCP 温度。

5）通过主泵继续使 RCP 升温。

6）将 GCT - A 整定值设定到零负荷下的蒸汽压力（约 7.4MPa）。

7）当 RCP 压力达到 154bar（g）时，将 PZR 压力控制器整定值控制置自动。然后由主泵继续加热 RCP 系统，直至 291.4℃（1bar＝0.1MPa）。

（2）热停堆工况。核对稳压器压力控制处于自动控制状态，这一点必须确认。

1）在 RCP 里打开 APG 阀进行连续操作排污。

2）VVP、GSS 系统暖管，首先在 MS01 里核对 VVP143/144/145VV 关闭，然后开启 VVP140/141/142VV，最好逐渐开启 VVP143/144/145VV。VVP 暖管时间较长。

3）暖管完成后，在 MS01 里打开主蒸汽隔离阀 VVP001VV、VVP002VV、VVP003VV。

4）将 R 棒插到第 5 步。

3.3　反应堆趋近临界和热备用

根据停堆时间长短及准备达临界时间计算反应性平衡，选择达临界方案（这里取不需作 I. C. R 曲线提棒达临界的情况）。

首先在 CORE 里将 R 棒提升至调节带中部，180 步左右。

然后提升 G 棒，G 棒的位置必须在零功率棒位与允许的上限之间。G 棒为一个棒组，包括四个棒束：G1、G2、N1、N2 在调整插入步数时，系统会给出一个预设值，约 270～280，根据系统的状态会有所不同，之所以有这么大的步数就是由于是四个棒束的和。

每提升 50 步或计数率增加一倍时稍停，倍增周期保持大于 18s。如果小于这个值，系统会很难控制。

当控制棒不移动，而有一个正的稳定的倍增周期时，反应堆就处于超临界状态。此时控制棒插回几步，维持临界。

一旦出现 P6 信号，闭锁源量程中子通量高紧急停堆。当出现"停堆通量高"警告信号后，手动将其闭锁，确认出现"通道 1 通量高警告信号闭锁"和"通道 2 通量高警告信号闭锁"报警信号当中间量程测量超过 P6 时，手动闭锁源量程紧急停堆信号，这个闭锁同时切断了源量程探测器的高压电源并除去"通道 1 通量高警告信号闭锁"和"通道 2 通量高警告信号闭锁"报警信号，当功率量程测量超过 P10，手动闭锁中间量程通量高紧急停堆信号和功率量程低定值紧急停堆信号。

RCP 温度为 290.8℃，压力为 15.5MPa，反应堆功率小于 $2\% P_n$ 以下的临界状态称热备用状态。

3.3.1 反应堆处于临界，功率低于额定功率 2%

（1）在 CORE 里使功率补偿棒组 G1、G2、N1 和 N2 处于手动控制下。

（2）温度控制棒组 R 处于手动控制下，此时可在 CORE 里观察到红灯亮，并位于调节带内，调节带为 180～204 步。

（3）停堆棒组 S 完全提出。

（4）汽轮机进汽阀 GRE001 - 010VV 关闭。

3.3.2 将 GCT - A 切换到 GCT - C

首先在 MS04 中将 GCT401RC 设定值为当前主蒸汽压力值，然后把 GCT501CC 和 GCT502CC 打到正常位置，并把 GCT - A 设定到 7.6MP；然后在 MS04 中调整 GCT503CC 以及 GCT401Rc，如果 GCT 排冷凝器可用，要及时将 GCT 从排大气转排冷凝器运行，并置 GCT 为压力控制模式 - 低负荷；最后通过 GCT - C 将反应堆冷却剂平均温度调整到零负荷整定值左右（291.40℃）。

3.3.3 稳压器压力

通过加热器和喷淋阀的自动控制保持在整定值 15.4MPa；然后调节 RCV 里的 RCV404RC 为自动控制，通过自动控制上充流量将稳压器水位保持在整定值。

3.3.4 蒸汽发生器水位

保持蒸汽发生器水位在其零负荷整定值上。

3.3.5 SG 供水由 ASG 切换至 ARE

（1）在 FW02 里投运 APP 或 APA 泵。水位难以控制：正常时由主给水流量调节系统

（ARE）供水启动、热/冷停堆的某阶段及主给水系统发生故障时，由辅助给水系统（ASG）提供紧急给水。

（2）在 FW01 里检查以下主阀和旁阀关闭，ARE031VL/ARE242VL，ARE032VL/ARE243VL，ARE033VL/ARE244VL。

（3）开启旁阀的电动隔离阀，ARE054V、LARE058VL、ARE062VL。

（4）将旁阀 ARE403RC、ARE406RC、ARE409RC 置自动控制。

（5）逐渐关闭 ASG 流量控制阀，核对 SG 水位为零负荷工况的参考水位，如果自动控制失灵，则将 ARE 调节切至手动。

（6）如果水位符合要求，则停运 ASG 泵，并将控制阀全开，如果 ARE 的水质符合要求，可启动 APA 泵，将 SG 的供水由 ASG 切换到主给水系统。这一切换必须在堆功率小于 $2\%P_N$ 时进行。ASG 的供水流量有限，因此 ASG 供水时堆功率不能大于 $2\%P_N$。

3.4 汽轮机同步并网

3.4.1 功率提升到 C20 闭锁点（10％额定功率）

（1）手动提升 G 棒，将堆功率提升到 10%FP 水平，并且在升功率期间通过 GCT-C 调整 Tavg，使其与 Tref 相同。

（2）当反应堆功率稍高于 C20 时，二回路系统压力和一回路温度比在该反应堆功率上的正常值高。

（3）确认 P10 信号出现。

1）手动闭锁中间量程停堆保护。

2）闭锁功率量程低定值停堆保护。

（4）通过在 MS04 中手动降低蒸汽压力整定值来减小 Tavg 和 Tref 之差，大概降至 7.26MPa。这一通道是非常灵敏的，必须小心操作。当从指示器上读出的温度偏差近似为零时，将 R 棒组由手动方式转换到自动方式。

（5）手动逐步使 G 棒组处于与二回路系统负荷对应的棒位（由 GCT 压力整定值来确定；注意观察 R 棒的移动，它必须保持在调节带即在 180～204 步内）。

（6）如果在 G 棒插入期间，R 棒有达到提棒极限（C11 联锁）的危险，则暂停插入 G 棒，进行稀释；如果在 G 棒提升的过程中，R 棒有达到插入极限的危险，则暂停提升 G 棒，进行硼化，然后将 G 棒的控制方式由手动转为自动。

（7）核对 FW01 里的主阀 ARE031VL、ARE032VL、ARE033VL 处于自动方式并关

闭，并打开主阀的电动隔离阀 ARE052VL、ARE056VL、ARE060VL。

（8）观察 SG 水位。

3.4.2 汽轮机同步并网

使汽轮机具备投运条件。

（1）在 MS04 里投入汽轮机，投入盘车，然后使汽轮机脱扣信号复位，最后预置汽轮机。

（2）打开通向下列给水加热器的抽气隔离阀：FW02 里的 3♯低加 ABP402VV 和 ABP502VV，4♯低加 ABP404VV 和 ABP504VV，除氧器 ADG002VV；FW01 里的 6♯高加 AHP101VV 和 AHP201VV，7♯高加 AHP103VV 和 AHP203VV。

3.4.3 启动

（1）在 MS04 里检查汽轮机负荷调节置手动，然后设定汽轮机目标转速为 3000r/min，汽轮机升速速率设定为 60～600r/min，注意观察汽轮机升速。

（2）在 MS01 里检查 MSR 温度控制器使再热器投运：MSR 新蒸汽备用预热旁路阀 GSS162VV 关闭，MSR 新蒸汽预热 GSS156VV 关闭，MSR 新蒸汽供应控制入口离阀 GSS151VV 开启。

（3）如果一级再热器管板温度低于 130℃，MSR 蒸汽隔离阀 GSS108VV 和 GSS208VV 开启，MSR 新蒸汽备用隔离阀 GSS116VV 关闭；如果一级再热器管板温度高于 130℃，则 GSS108VV 和 GSS208VV 关闭，GSS116VV 开启。

（4）在汽轮机转速接近 2975r/min 时，手动合上发电机励磁控制开关 AVR。然后把 GSY031CC 置 GSY001JA 位置，GST032CC 置手动。最后手动调节励磁，使发电机电压到 26kV。

（5）在 MS04 里手动调转速按下"允许"按钮，然后按住"增"按钮，使汽机转速升为 3000r/min 左右，随后在 ED 里手动合上负荷开关。

（6）在 MS02 里确认 MSR A 疏水泵 GSS110/210PO 启动。此时在 MS04 里设定目标负荷为 980MW，升荷速率最大设为 50MW/min，然后自动释放使其升负荷。

（7）检查汽轮发电机以要求的速率开始升负荷。通过按下"暂停"按钮可以在任何时候使负荷暂停上升，按下"释放"按钮，又可继续升负荷。在升负荷过程中维持发电机励磁电压不低于 26kV。

（8）打开梯形图，在升负荷过程中监视轴向功率偏差 ΔI，防止超越运行图。如果 ΔI 接近运行图左限线，则通过硼化，使 R 棒上抽若干步，让 ΔI 右移；如果 ΔI 接近运行图右限线，则通过稀释，使 R 棒下插若干步，让 ΔI 左移。

（9）随着汽机负荷增加，把 FW03 里的 GCT 阀门逐步关小。当汽机负荷达 10％FP 时，出现 P13 信号 signal；当汽机负荷达到 15％FP 左右核对主给水阀开启。

（10）在 FW03 里核对蒸汽排放阀 GCT113VV、GCT117VV、GCT121VV 关闭。

（11）当汽轮机负荷约为 25％FP 时检查 $|T_{avg}-T_{ref}|<3℃$，然后将 GCT 控制切换到温度方式。运行两台汽动给水泵，并使电动给水泵处于自动备用状态。反应堆功率自动地跟随汽轮机负荷，汽轮机负荷以自动方式增加功率补偿棒组 G1、G2、N1、N2 随着汽轮机负荷的变化而提升，温度控制棒组 R 必须保持在其调节带内（180～204 步），这一阶段要注意 R 棒的棒位。

（12）当负荷为 350MW 时，则检查：MS01 里的 GSS116VV 关闭，GSS108VV 开启，GSS109VV 开启，GSS208VV 开启，GSS209VV 开启。

（13）当负荷达 750MW 时，检查蒸汽再热器 15％FP 的排汽阀 GSS101VV、GSS201VV、GSS106VV、GSS206VV 已关闭。

（14）监视 R 棒的棒位，防止超越调节带。如果 R 棒往上运行，且有超出高极限的危险，则进行稀释，使 R 棒回插，必要时暂停汽机升荷。注意：稀释流量应小于上充流量。

（15）如果 R 棒往下运行，且有超出调节带的危险，则进行硼化，使 R 棒回抽。通过监视 $T_{avg}-T_{ref}$ 预测 R 棒上抽或下插的趋势，可以保持适当的稀释流量，避免 R 棒向上运动（注意：硼化效果很显著要小心操作 R 棒下插）。

（16）汽轮机负荷升至 940MW 时，将压力控制功能释放。汽轮机负荷逐步上升，直至 100％FP，反应堆随之达到满功率，所有功率补偿棒全抽出堆外，R 棒位于调节带中部。ΔI 位于运行图限制线内。一回路各主要参数稳定，观察：汽轮机负荷、反应堆功率、功率棒位、R 棒位、ΔI、P_{ZR} 压力、水位、SG 压力、水位。至满功率，稳定运行。

3.5 注 意 事 项

3.5.1 热停堆时系统的运行状态

（1）至少一台主泵运行。

（2）稳压器压力，水位投自动。

（3）RCP 温度由 GCT 控制。

（4）SG 补水由 ASG 或 ARE 来完成。

（5）RCV、REA 设运。

3.5.2 临界以前遵守的条件

（1）压水堆随着核燃料或慢化剂的温度变化而改变其反应性，应在慢化剂温度系数为负时启动反应堆达临界。

（2）稳压器已建立汽腔，水位控制已投入运行。

（3）化学和容积控制系统至少有两台上充泵、两台硼酸泵投入运行，并且至少有一条管道可向反应堆供应硼酸。

（4）冷却剂系统的临界硼浓度值，随燃料的燃耗而降低。

3.5.3　临界时注意事项

（1）源量程和中间量程指示面板上，中子倍增周期必须大于 30s。

（2）逼近临界，采用单一反应性控制，即不可采用两种或两种以上的方式向堆芯引入正反应性。

（3）避免冷却剂温度突然变化的操作。

（4）硼浓度变化时，同一点的三次硼浓度差应小于 20ppm(1ppm=1μL/L)。

（5）慢化剂温度系数为正时，不可以进行临界操作。

（6）不能用稀释法使反应堆达临界。

3.5.4　监视轴向功率偏差

在升负荷过程中监视轴向功率偏差 ΔI，防止超越运行图。如果 ΔI 接近运行图左限线，则通过硼化，使 R 棒上抽若干步，让 ΔI 右移；如果 ΔI 接近运行图右限线，则通过稀释，使 R 棒下插若干步，让 ΔI 左移。

3.5.5　稳压器水位

稳压器水位太高有可能使压力调节失效（无汽腔或汽腔太小），过低会使电加热器裸露在蒸汽空间而烧毁，所以要保证稳压器水位在整定值。稳压器水位整定值曲线如图 3-1 所示。

图 3-1　稳压器水位整定值曲线

3.5.6　蒸汽发生器水位

在反应堆运行过程中，蒸汽发生器水位高低直接影响出口蒸汽的品质和蒸汽发生器的安全。如果蒸汽发生器水位过低，就会引起蒸汽进入给水环，使管束传热恶化，或引起蒸汽发生器的管板热冲击；反之，如果水位过高，就会影响汽水分离效果，造成蒸汽品质恶化，影响汽轮机正常工作和安全。故要维持蒸汽发生器二次侧的水位在需求的整定值上。蒸汽发生器水位整定值随负荷而变，如图 3-2 所示。

图 3-2　蒸汽发生器水位整定值曲线

3.6　思考题

（1）在对 RCP 升温期间，快时因子一般设为 5～10 倍，为什么要设置快时因子？快时因子设置更高吗？

（2）热停堆时稳压器压力、水位为什么都要投自动？

（3）为什么要保持蒸汽发生器水位在整定值？

（4）功率运行时，冷却剂系统压力必须保持在一定的范围内，为什么？

（5）在启动过程中，蒸汽发生器水位为什么一定要保持正常的水位？如果水位异常会有什么危害？

压水堆核电厂
虚拟仿真技术与实验
Pressurized Water Reactor Nuclear Power Plant
Virtual Simulation Technology and Experiments

第四章

核电厂停堆过程实验

压水堆核电厂停堆过程可以分为降负荷到 20%、降负荷到汽轮机跳闸，降低核功率到热备用状态、从热备用到热停堆，降温、降压和硼化，RRA 系统投入运行，稳压器汽腔淹没，由 RRA 冷却至冷停堆 6 个过程见表 4-1。

表 4-1 核电厂停堆过程实验

序号		实习内容安排	时间安排（课时）
1	具体操作	降负荷到 20%、降负荷到汽轮机跳闸	2
2		降低核功率到热备用状态、从热备用到热停堆	1
3		降温、降压和硼化	3
4		RRA 系统投入运行	2
5		稳压器汽腔淹没	2
6		由 RRA 冷却至冷停堆	1
7		总结	1
总计			12

为方便实验分阶段进行，将上述过程分为降负荷到汽轮机跳闸，降低核功率到热停堆，降温、降压和硼化，RRA 系统投入运行到冷停堆四个实验。

4.1 降负荷到汽轮机跳闸

4.1.1 实验要求

（1）熟悉核电厂教学模拟机各系统，掌握阀门、水泵等设备的操作。

（2）将反应堆从满功率状态降负荷至汽轮机跳闸，期间注意按照操作规程核对各信号，思考信号出现的原因。

（3）确保降功率过程中 ΔI 在梯形图限制线内。

4.1.2 实验过程

（1）进入 MS04 界面，按下"暂停"键，设定目标负荷为 200MW，降负荷速率为 50MW/min，按下"释放"，观察负荷下降，确保降负荷过程中 ΔI 在梯形图限制线内。

（2）当负荷降至 700MW 时，核对 MSR 新蒸汽和抽汽再热器向凝汽器的 15％排汽阀开启。

（3）堆功率降至 40％以下时，核对 P16 消失。

（4）负荷降至 350MW 时，核对 MSR 新蒸汽备用控制隔离阀开，核对抽汽隔离阀关闭，电动给水泵置 off，手动停运 APP101PO 或 APP201PO 中的一台汽动给水泵。

（5）堆功率降至 30％以下时，核对 P8 消失。

（6）当负荷为 300MW 时，核对 MSR 新蒸汽温度控制隔离阀已开启，核对 MSR 新蒸汽温度控制阀旁路已关闭。

（7）堆功率降到 20％P_n 时，调节 GCT 整定值为 7.4MPa，从"温度模式"到"压力模式"。进入 MS04 界面，按下"暂停"键，设定目标负荷为 0，降负荷速率为 50MW/min，按下"释放"，观察负荷下降，确保降负荷过程中 ΔI 在梯形图限制线内。

（8）汽轮机负荷降至 18％FP 时，观察主给水主阀调节关闭，当主给水调节阀关闭后关闭其隔离阀 ARE 052 VL、ARE 056 VL 和 ARE 060 VL。

（9）汽轮机负荷低于 10％时，P13 信号消失。

（10）堆功率降到低于 10％时，P10 消失，P7 消失，C20 出现，C20 出现后，将 R 棒与 G 棒转为手动控制。重新开始降低汽机负荷，核对向凝汽器排放蒸汽阀开启。

（11）电功率到 10MW 以下时，按下正常停机按钮，汽轮机停机，核对所有汽轮机阀门已关闭，核对汽轮机已从 3000r/min 降速，核对发电机负荷断路开关已断开，核对通向给水加热器的抽汽隔离阀已自动关闭，核对 MSR 汽水分离器疏水泵已自动停运。

（12）汽轮机转速自然下降，到转速降至约 200 转时，投入顶轴油系统；37r/min 时，盘车自动投入。

4.2 降低核功率到热停堆

4.2.1 实验要求

（1）掌握热备用与热停堆的概念。

（2）了解 RCV 系统流程图，掌握硼化和稀释的方法。

（3）能熟练掌握蒸汽发生器水位调节的方法。

4.2.2 实验过程

（1）通过硼化或插入 G 棒，降低核功率到 $2\%P_n$ 以下；将 SG 的供水从 ARE 切换到 ASG 提供，保持蒸汽发生器水位在零负荷整定值，手动调节阀门在相应开度。必须手动调节 ASG012VD、ASG013VD、ASG014VD、ASG015VD、ASG016VD、ASG017VD 六个阀门的相应开度，调节辅助给水流量稍大于蒸汽发生器蒸汽流量。同时需要注意辅助给水箱 ASG001BA 的水位，不能太高或者太低。蒸汽发生器水位调节如图 4-1 所示。

图 4-1 蒸汽发生器水位调节

（2）切换到辅助给水后，停止运行主给水泵，由 GCT‐c 或 GCT‐a 排出热量；机组进入热备用状态。

（3）手动将 R 棒插入到 5 步，再手动将 G1、G2、N1 和 N2 插入到 5 步。

（4）打开 RCV 系统硼酸泵，调节适当的硼化设置，将一回路硼化到热停堆硼浓度 1200μL/L 左右，机组进入热停堆状态。

硼化调节如图 4‐2 所示。

图 4‐2　硼化调节

4.3　降温、降压和硼化

4.3.1　实验要求

（1）熟练掌握降温、降压的方式，并确保降温降压过程中各参数不超出 P‐T 图各限制线。

（2）理解 GCT 系统的工作原理，理解其在核电厂中的作用。

（3）理解稳压器的工作原理，熟练掌握稳压器水位控制的方法。

4.3.2 实验过程

（1）将一回路硼化到正常冷停堆硼浓度约 2100ppm（1ppm＝1μL/L），将 R 棒完全抽出。降温降压过程中注意：控制蒸发器水位在 34％左右，控制下泄流量在 13.6m³/h 左右，控制轴封注入流量 1.8m³/h，控制一回路压力温度在 P - T 图限制线内。

（2）降低 GCT401RC 整定值，开始降温（GCT 可用），核对排放阀开启。手动开大 GCT 排放阀的开度（注意不要一次性将阀门全开，每次增加 0.2％开度，观察通过旁排的蒸汽流量和温度梯度的变化，防止出现温度梯度的突变和振荡，一般打开到 5％左右能够得到较为平稳的温度梯度），开始降温，控制温度梯度值保持稳定在－25℃/h 左右，以保证降温过程平稳进行。

（3）降低 GCT403/406/409RC 整定值，开始降温（当 GCT 不可用报警出现时），核对排放阀开启。

（4）关掉"开 - 关"稳压器加热器，RCP001RS、RCP002RS、RCP005RS 和 RCP006RS，用 RCP401RC 控制喷淋阀开度调整降压速率。注意控制稳压器水位，通过控制下泄控制阀 013VP 调节下泄流量，通过上充控制阀 046VP 调节上充流量即可完成稳压器水位调节。当停堆过程使用喷水减温时，注意综合调节上充、下泄流量和喷淋控制阀 RCP001、002VP 的喷水量，维持稳压器在一个相对稳定的水位。

（5）当一回路平均温度降低到 284℃时，P12 信号出现，要闭锁相应的安注信号；验证所有蒸汽对凝汽器排放阀正确地关闭，将选择开关置于解除闭锁位置，使凝汽器排放阀解除闭锁，核对凝汽器排放阀开启。

（6）当一回路压力降到 13.8MPa 时，P11 信号出现，要闭锁相应的安注信号。

注：如果反应堆冷却剂表压增加到 143bar 以上（P11 信号＋滞后），信号自动解除闭锁。因此，当反应堆冷却剂压力又下降时这一信号一定要重新闭锁。核对稳压器安全隔离阀 RCP017VP、RCP018VP 和 RCP019VP 已关闭。

（7）当一回路压力下降到 8.5MPa 时，打开第二个下泄孔板，保持下泄流量正常。

（8）当一回路压力下降到 7.0MPa 时，关闭中压安注箱隔离阀 RIS001BA、RIS002BA、RIS003BA。

4.4　RRA 系统投入运行到冷停堆

4.4.1 实验要求

（1）理解 RRA 系统的工作原理，掌握 RRA 系统各阀门与水泵的操作方法。

（2）掌握淹没稳压器汽腔的方法。

（3）思考 RRA 系统与 RCV 系统在停堆过程中的联系。

4.4.2 实验过程

（1）用运行中的二回路系统将反应堆冷却剂平均温度保持在 160～180℃ 之间，手动整定到约 0.7MPa。用压力控制器（使喷淋阀和比例加热器工作），将反应堆冷却剂调整在 2.5～2.7MPa 之间。

（2）当一回路平均温度低于 180℃、压力低于 2.7MPa 时开始投入 RRA（一般选 170℃，2.6MPa），关闭 RCV366VP，核对三个孔板 RCV 007 VP、RCV 008 VP 和 RCV 009 VP 开启，调节下泄孔板下游压力至 1.5MPa，关闭温度调节阀 RRA024VP 和 RRA025VP。

（3）打开 RRA 与 RCV 连接管线；开 RCV310VP，开 RCV082VP，观察 RRA 系统升压。

（4）当 RRA 压力与 RCV 相近时，关闭 RCV310VP，开启 RRA001，021VP，使 RRA 与 RCP 压力相同。启动第 1 台泵 RRA001PO，逐渐加大 RCV310VP 开度，直到下泄流量达到约 28m³/h；每当 RRA 热交换器上游温度升高 60℃ 左右时，切换 RRA 泵。一回路以最大速率（28℃/h）冷却，期间压力的控制由喷淋控制阀 RCP001、002VP 和加热器综合控制，使压力下降和温度下降相互匹配不超过 PT 图控制线。

（5）一回路与 RRA 之间温差小于 60℃ 时，打开出口阀 RRA014/015VP。置 RRA013VP 于自动控制状态；手动或自动调整 RRA 控制阀，调节一回路降温速率。在反应堆冷却剂系统由 RRA 降温期间：使蒸汽排放退出运行，关闭蒸汽管线隔离阀。

（6）减小下泄流量，约为 10m³/h，手动控制 RCV046VP 增加上充流量到 27m³/h，核对稳压器水位上升，稳压器波动管线和稳压器液相温度下降。

（7）当水位指示器达到 3.8m，调节 RCV 413 RC 整定值等于 RCP 压力，将低压下泄阀的控制从 RCV 压力控制切换到 RCP 压力控制，将 RRA－RCV 控制阀完全打开，调整上充流量到稍微高于下泄流量。在调控稳压器水位过程中，注意使用控制阀 030VP 调节流向废液处理系统（TEP）的水量，一次调控储水箱 002BA 的水位，使其维持正常。

（8）当下泄流量突然增加，表明稳压器汽腔已淹没。逐渐打开泵在运行的那个环路上的喷淋阀。稳压器降温速率应不超过 56℃/h。如果压力下降，重新关闭喷淋阀，再逐渐开大喷淋阀，以便稳压器温度均匀。

注：当稳压器汽腔淹没时，由化学和容积控制系统低压下泄阀 013VP 控制其压力。

（9）当监测出下列情况时，稳压器中水循环已建立并且可以确认稳压器中汽泡消失，稳压器液相温度下降，稳压器波动管温度下降。关掉比例加热器 RCP003RS 和 RCP004RS。

手动关闭稳压器隔离阀 RCP017/018/019VP。

4.5 思 考 题

（1）压水堆核电厂反应堆和沸水堆核电厂反应堆在功率下降过程中有何不同？

（2）为什么要确保降功率过程中 ΔI 在梯形图限制线内？

（3）热备用状态与热停堆状态有什么不同？

（4）为什么要维持蒸汽发生器水位稳定？

（5）容控箱在一回路硼化过程中起到了什么作用？

（6）为什么要在停堆过程中保持稳压器水位稳定？

（7）在"降温、降压和硼化"阶段是如何分别实现降温、降压和硼化的？

（8）为什么有时候在降温降压过程中会出现温度振荡？

（9）为什么要在核电厂中设置 RRA 系统？

（10）RRA 系统的工作原理是什么？一旦失效会出现什么情况？

（11）为什么在降温过程中要控制温度下降的速率？

压水堆核电厂
虚拟仿真技术与实验
Pressurized Water Reactor Nuclear Power Plant
Virtual Simulation Technology and Experiments

第五章

核电厂故障过程实验

掌握武汉大学核电教学模拟机启动的操作方法，并记录重要参数。掌握正常启动运行后，插入模拟故障的方法。在故障运行过程中，记录 RCP、RCV、RRA、VVP 等系统主要参数的变化。根据各系统中重要单元的工作原理和相互作用关系，分析各项数据变化的内在联系，给出各项故障报警的分析报告，并尽量做出预测。

5.1 RCP 系统故障

5.1.1 实验原理

RCP 故障内容见表 5-1。

表 5-1   RCP 故障

名称	位置
SG 蒸发器传热管破裂	1、2、3 号蒸汽发生器传热管
环路热段破口	一、二、三环路热段
环路冷段破口	一、二、三环路冷段
稳压器喷雾阀泄漏	稳压器喷雾阀 1、2
反应堆冷却剂泵跳闸	RCP001PO、RCP002PO、RCP003PO
稳压器隔离阀卡死	RCP020VP、RCP021VP、RCP022VP
蒸汽发生器传热管污垢	1、2、3 号蒸汽发生器传热管

本实验以 RCP001PO 的跳闸运行作为代表故障，进行故障分析。主要针对：堆芯参数、一回路温度、稳压器（PZR）参数、蒸汽发生器参数、安注流量、上充流和下泄流主参数作为主要检测数据。

（1）堆芯参数包括：核功率、堆芯功率、堆芯反应性、控制棒位等。

核功率、堆芯功率主要由堆芯反应性的变化决定，而堆芯的反应性可以由两种方式控制：

1）依靠控制棒组件的插入或提升。

2）依靠 RCV 系统调整溶解于冷却剂中硼的浓度来控制反应性。

另外，由于压水堆冷却剂的负温度效应，一回路温度的变化也会对堆芯反应性产生一定影响。

（2）PZR 参数包括：PZR 压力、安全阀开闭、PZR 水位、PZR 参考液位、比例式加热器功率、冷段喷淋流量等。

正常运行时，一回路压力保持在整定值附近允许限制内，压力整定值不受运行功率和一回路平均温度影响，保持恒定。降低反应堆冷却剂系统的压力由连续喷淋实现。冷却剂系统冷管段引入冷却水，保持稳压器内部水温度与化学成分的均匀性，并在喷淋阀开启时降低热冲击造成的局部热应力。

在稳态工况下，比例式加热器功率应等于稳压器散热功率与补偿连续喷淋流量的热功率之和。当压力降低时，比例式加热器的功率自动增大；压力升高时，则自动降低比例式加热器的功率。通断式加热器在反应堆启动及反应堆冷却剂压力下降较大时投入工作。

稳压器安全阀提供对冷却剂系统的超压保护，安全阀组的保护阀在压力整定值开启与回座，而与之串联的隔离阀可在保护阀故障无法回落时起隔离作用，防止冷却剂系统压力失控。

图 5-1 水位整定值与一回路的平均温度关系

稳压器水位随一回路平均温度变化而变化。稳压器水位整定值是在 RCV 没有下泄流量和当反应堆功率从 0 变到 100％的条件下，使稳压器能承受一回路水容积的变化而计算确定的。水位整定值与一回路的平均温度成线性变化关系，如图 5-1 所示。

水位相对于参考水位的正常变化控制着化学与容积控制系统上充回路的调节阀。对于某给定功率，调节系统计算出水位整定值，并且用调节化学与容积控制系统上充流量的方法保持水位在整定值。

若水位超过整定值（从＋5％开始），通断式加热器投入，用以蒸发一部分水；稳压器水位大于稳压器 86％而功率又超过额定功率的 10％则由反应堆保护系统发出紧急停堆信号。

若稳压器水位低于整定值（从－5％开始），发出红色报警信号。稳压器水位在 14％时，加热器全部断开，通向化学和容积控制系统的下泄阀关闭，稳压器水位在 5% 时，稳压器低水位兼低压，安注系统动作。

（3）蒸汽发生器参数包括：蒸汽发生器压力、蒸汽发生器水位、蒸汽流量等。

蒸发器水位指蒸发器筒体和管束外套间环形水位，即冷柱水位。调节其水位是依靠控制给水流量调节系统的进水流量阀门实现的，可以通过改变气动给水泵转速来调整给水母管和主蒸汽管间压力差，而以测的压差与负荷变化的整定值比较。在启动阶段蒸发器应充水，正常工况下由给水流量调节系统供给。在其故障时由辅助给水系统供给。

（4）上充流和下泄流。RCV 中的调节阀 046VP、013VP 和 061VP 分别为上充、下泄和密封注入调节阀。阀门 RCV013VP 为下泄管路中的调节阀，与上游的压力表相联，其目的是防止下泄流在管道中气化。046VP 的开度与一回路稳压器液位关联。

（5）安注信号由下列信号引发：

1）PZR 水位和压力低；

2）安全壳内压力高；

3）SG 间蒸汽压力不一致；

4）两台 SG 蒸汽流量高，同时出现蒸汽压力低或者一回路平均温度低。

（6）安注信号发出同时会引发下列操作：

1）反应堆紧急停堆；

2）安全壳隔离和停止通风；

3）汽轮机脱扣；

4）二回路 SG 正常给水隔离；

5）辅助给水（ASG）投入。

5.1.2 操作步骤

（1）启动模拟机，正常启动反应堆（见启动操作规程），保持 TEP 流量为 4%，以使得容控箱水位恒定。

（2）在教练员机选择：故障→故障列表→RCP→RCP001PO 跳闸；在延时时间栏输入 00：00：30，即 30s 插入故障。

（3）打开检测曲线，观测堆芯参数、一回路温度、PZR 参数、比例式加热器功率、冷段喷淋流量、SG 参数、安注流量等。

（4）将操作员台切为 RCV 系统图，记录各项报警信号。参考：

1）操作带低位。

2）AVG MAX/TEM REF 温度偏差。

3）停堆。

4）蒸汽管线流量高或压力低。

5）汽机脱扣。

6）R 棒 LO - LO - LO 行程限值。

7）稳压器压力低。

8）稳压器水位低于设定值。

9）蒸汽发生器水位异常。

10）环路平均温度偏差高。

11）上充管线温度低。

12）安注启动。

13）主给水隔离。

14）RCP 温度低。

15）VVP 主给水隔离阀未全开。

16）SG 给水流量低。

17）ASG 泵启动。

18）主泵轴封水流量低。

19）上充管线流量异常。

20）下泄管线温度高。

21）稳压器水位高。

22）蒸发器高水位。

23）ASG001BA 水位低。

24）蒸汽管线压力低。

25）稳压器水位高于设定值。

26）RCV002BA（容控箱）水位异常。

（5）在操作员台 RCV 操作界面记录上充和下泄参数，如图 5 - 2 所示。

（6）在给水系统（FW01）操作界面 ASG001BA 水位变化，如图 5 - 3 所示。

（7）打开截图软件，做出如下记录。

1）对 5s 内的堆芯参数做出记录。

2）对 20s 内的汽轮机功率和电功率做出图像记录。

3）对 1min 内的上充和下泄流量做出图像记录。

4）对 9min15s 内的汽轮机转速做出图像记录。

图 5-2　RCV 系统面板

图 5-3　给水系统面板

5）对 30s 内的主阀和 GCT 阀开度及开度信号、汽轮机旁通流量、主蒸汽流量、堆芯流量做出图像记录，代表参考图 5-4。

（8）对 2min 内的一回路参考均温、一回路平均温度、温度偏差和 2min 内的棒位、通

图 5 - 4　冷却剂温度

断式加热器功率做出图像记录。

（9）对 2min 内 PZR 水位设定值、20min 内的 PZR 水位、30min 内的 PZR 压力（见图 5 - 5）、9min 到 10min 和 50min 后的比例式加热器功率与冷段喷淋流量做出图像记录，代表参考图 5 - 6。

图 5 - 5　PZR 压力

图 5-6　冷段喷淋和比例式加热器功率

（10）对 30s 内的 SG 给水流量和蒸汽量、40s 内的 SG 辅助给水、2min 内的给水温度和高压缸排气压以及凝汽器压力、10min 内的蒸汽压力、34min 内的 SG 测量液位、40min 到 80min 的 SG 蒸汽流量和压力做出图像记录，参考图 5-7。

图 5-7　SG 蒸汽压力和流量

（11）在 2h 后选择一个 5s 的时间段，对安注流量、冷段喷淋、比例加热器、PZR 压力、SG 蒸汽流量和主蒸汽流量的周期性分析，参考图 5-8。

图 5-8　安注流量

（12）稳定运行 3h 后记录数据，与正常工况做出比较。

（13）分析各项报警信号与参数变化的关系，分析各参数变化的内在联系。

5.1.3　注意事项

（1）在 RCP001PO 跳闸故障中，上充阀 046VP、下泄阀 013VP 以及自动补给流量在插入故障初始时会出现快速变化，要注意冻结并在 RCV 操作板上进行记录。

（2）在 RCP001PO 跳闸故障中，要注意记录报警信号的出现和消失。

（3）在 RCP001PO 跳闸故障中，堆芯反应性和汽机功率都降为负值，在检测曲线上无法显示，要予以注意。

（4）在 RCP001PO 跳闸故障中，温度偏差在一些区段超出监测曲线范围，可通过在监测曲线上点击鼠标右键，进行数据定位，找出变化转折点。

（5）在 RCP001PO 跳闸故障中，SG 蒸汽压力在 10～50min 之间数据会超出监测曲线范围，此段中的变化为先降后升，可以用鼠标定位数据观测找出变化转折点。

5.1.4　结果分析

（1）分析一回路功率、反应性和控制棒位的变化关系。

（2）分析一回路冷却剂温度和温差的变化规律。

（3）分析二回路汽轮机功率、汽轮机转速和蒸发主阀门、GCT 开度的关系。

（4）分析上充流和下泄流的变化关系。

（5）分析 PZR 各参数的变化规律。

（6）分析 SG 各参数的变化规律。

（7）结合安注、冷段喷淋和比例式加热器的功率变化，进行安注流量、冷段喷淋、比例加热器、PZR 压力、SG 蒸汽流量和主蒸汽流量的周期性随动变化分析。

（8）分析海水温度、氙毒反应性变化原因，并做出预测。

5.1.5　思考题

（1）PZR 压力开始时为何出现短时间增加？随后在 9min 左右的升幅突增是何原因？

（2）REA - RCV 自动补给为何投入？投入几秒后又为何消失？其间的变化对于安注流量和冷段喷淋有何影响？

（3）比例式加热器和冷段喷淋的周期性变化对 PZR 压力和水位有何影响？

5.2　RCV 系统故障

5.2.1　实验原理

RCV 系统故障内容见表 5 - 2。

表 5 - 2　　　　　　　　　　　　　　　RCV 系统故障

名称	位置
上充泵跳闸	RCV001PO、RCV02PO、RCV003PO
上充流量调节阀卡死	046VP
流量计上游上充管线泄漏	RCV018MD 上游
再生热交换器与 050VP 间管线泄漏	RCV001EX - 050VP 之间
再生热交换器管束破裂	RCV001EX
容控箱液相泄漏	RCV002BA
低压下泄阀下游与三通阀上游的下泄管线泄漏	RCV013VP - RCV017VP
误稀释	REA
误硼化	REA
容控箱液位漂移	RCV002BA
下泄孔板后压力漂移	001DI、002DI、003DI

本次实验以 RCV002PO 跳闸故障为代表故障进行故障分析。主要针对：堆芯参数、一回路温度、稳压器（PZR）参数、上充流和下泄流主参数作为主要检测数据。

（1）堆芯参数包括：核功率、堆芯功率、堆芯反应性、控制棒位等。

核功率、堆芯功率主要由堆芯反应性的变化决定，而堆芯的反应性可以由两种方式控制：

1）依靠控制棒组件的插入或提升。

2）依靠 RCV 系统调整溶解于冷却剂中硼的浓度来控制反应性。

另外，由于压水堆冷却剂的负温度效应，一回路温度的变化也会对堆芯反应性产生一定影响。

（2）PZR 参数包括：PZR 压力、PZR 水位、PZR 参考液位、比例式加热器功率、冷段喷淋流量等。

正常运行时，一回路压力保持在整定值附近允许限制内，压力整定值不受运行功率和一回路平均温度影响，保持恒定。降低反应堆冷却剂系统的压力由连续喷淋实现。冷却剂系统冷管段引入的冷却水。保持稳压器内部水温度与化学成分的均匀性，并在喷淋阀开启时降低热冲击造成的局部热应力。

在稳态工况下，比例式加热器功率应等于稳压器散热功率与补偿连续喷淋流量的热功率之和。当压力降低时，比例式加热器的功率自动增大；压力升高时，则自动降低比例式加热器的功率。通断式加热器在反应堆启动及反应堆冷却剂压力下降较大时投入工作。

PZR 水位相对于参考水位的正常变化控制着化学和容积控制系统上充回路的调节阀。对于某给定功率，调节系统计算出水位整定值，并且用调节化学和容积控制系统上充流量的方法保持水位在整定值。

若水位超过整定值（从 +5% 开始），通断式加热器投入，用以蒸发一部分水；稳压器水位大于稳压器 86% 而功率又超过额定功率的 10%，则由反应堆保护系统发出紧急停堆信号。

若稳压器水位低于整定值（从 -5% 开始），发出红色报警信号。稳压器水位在 14% 时，加热器全部断开，通向化学和容积控制系统的下泄阀关闭，稳压器水位在 5% 时，稳压器低水位兼低压，安注系统动作。

（3）上充流和下泄流。RCV 中的调节阀 046VP、013VP 和 061VP 分别为上充、下泄和密封注入调节阀。阀门 RCV013VP 为下泄管路中的调节阀，与上游的压力表相联，其目的是防止下泄流在管道中气化。046VP 的开度与一回路稳压器液位关联。

5.2.2 操作步骤

（1）启动模拟机，完成反应堆正常启动（见启动操作规程），保持 TEP 流量为 4%。

（2）在教练员机选择：故障→故障列表→RCV→RCV002PO 跳闸；在延时时间栏输入 00：00：10，即 10s 插入故障。

（3）打开检测曲线，观测上充流量、下泄流量。

（4）监测 PZR 水位、比例加热器功率、容控箱压力。

（5）将操作员台切为 RCV 系统图，监测上充压力、下泄阀出口参数、下泄阀开度。

（6）记录报警信号。参考如下：

1）下泄管线温度高（开始有 41.5℃，18min 左右后无）。

2）上冲管线压力低。

3）上冲管线流量异常。

4）主泵轴封水流量低。

5）随后出现上充管线温度低；稳压器水位低于设定值。

（7）打开截图软件，对 20s 内的上充流量做出图像记录。

（8）对 20s 内的下泄流量做出图像记录。

（9）对 20s 内比例式加热器功率的变化曲线进行记录并与上充流和下泄流变化做出时间相关性比较，参考如图 5-9 所示。

图 5-9　上充、下泄和比例式加热器功率

（10）对 25min 内比例式加热器功率变化做出记录，可参考如图 5-10 所示。

（11）对 1h 内的容控箱和 PZR 参数做出图像记录，参考如图 5-11 和图 5-12 所示。

图 5-10 比例式加热器功率

图 5-11 容控箱压力和水位

（12）运行 200min 左右记录各主要数据，做出表格，与正常工况做出比较。

（13）分析各项报警信号与参数变化的关系，分析各参数变化的内在联系。

图 5-12　稳压器水位

5.2.3　注意事项

（1）在 RCV002PO 跳闸故障中，要在开始阶段迅速记录下泄热交换器 002RF 的出口参数，注意报警信号中下泄关系温度高在 18min 左右的消失。

（2）在 RCV002PO 跳闸故障中，要关注上充管线温度低；稳压器水位低于设定值报警信号出现的时间以及出现时相应的 PZR 水位。

（3）在 RCV002PO 跳闸故障中，要在开始阶段关注下泄阀 013VP 开度变化。

5.2.4　结果分析

（1）分析上充流量和下泄流量及其阀门开度的变化关系。

（2）分析堆芯反应性的变化原因。

（3）分析上充和下泄流量变化与比例式加热器功率变化的关系。

（4）分析 PZR 水位和比例式加热器功率的关系。

5.2.5　思考题

（1）013VP 何时关闭，为何会关闭？

（2）046VP 的变化是怎样的，为什么？

（3）下泄管线的温度如何变化，为什么？

5.3 RRA 系统故障

5.3.1 实验原理

压水堆核电厂反应堆运行时，核反应产生的能量由反应堆冷却剂系统通过蒸汽发生器的二次回路传热导出。反应堆停堆后，堆芯内由裂变产物产生的剩余功率发热在很长一段时间内仍需要带出。停堆初期几个小时内堆芯余热仍由蒸汽发生器通过二回路以蒸汽形式排放，而此后则由余热排出系统来承担。因此，反应堆余热排出系统又称停堆冷却系统。余热排出系统带出的堆芯热量将通过设备冷却水系统、安全重要厂用水系统传递到最终热阱。余热排出系统通常在反应堆冷却剂系统冷却剂温度降至 180℃，压力降至 30bar（1bar＝0.1MPa）后投入，将堆芯余热带出。除带出余热的功能之外，余热排出系统还可承担反应堆换料水池水的传输、联合化容系统下泄对冷却剂进行净化过滤以及在低温运行时为反应堆冷却剂系统提供超压保护等辅助功能。

RRA 基本流程图如图 5‑13 所示。

图 5‑13 RRA 基本流程

RRA 系统由两台热交换器（RRA001RF、RRA002RF）、两台余热排出泵（RRA001PO、RRA002PO）及有关管道、阀门和运行控制所必需的仪器仪表组成。余热排出系统的进水管连接到反应堆冷却剂系统（RCP）2 号环路的热段，回水管连接到 RCP 系统 1 号和 3 号环路的冷段。这两根回水管也连接中压安注系统的安注管线。余热排出泵与 2 号环路热段接管间并列布置有双管线，每条管线上设有两个隔离阀（RCP212VP、RRA001VP 和 RCP215VP、RRA021VP）。每条通向 1 号和 3 号环路冷段的回水管上，各设置一个电动隔离阀和一个止回阀（RRA014VP、RCP121VP 和 RRA015VP、RCP321VP）。余热排出泵从 RCP 系统 2 号环路热段吸入冷却剂，并将冷却剂打入泵出口母管。母管上设置有两个卸压阀组，用于 RCP 系统低温运行时的超压保护。卸压阀组卸压时排向 RCP 系统卸压箱。余热排出泵出口冷却剂经母管进入两台热交换器，通过热交换器将热量传给设备冷却水系统（RRI）冷却水。热交换器进出口两端设有一条旁路管线。冷却剂经热交换器后汇总，然后一分为二，分别与 1 号和 3 号环路冷段的中压安注管线相接，一起进入 RCP 系统。

在热交换器出口总管上引出一条泵的最小流量循环管线，用于保护余热排出泵，防止泵体过热和丧失吸入流量。管线上无任何阀门。热交换器所在管线调节阀用于调节通过热交换器的冷却剂流量，以达到控制 RCP 系统冷却剂升温、降温速率和控制冷却剂温度的目的。而旁路管线调节阀则用来调节总流量并使其保持流量恒定。另外，在余热排出泵出口总管上还引出一条到化容系统（RCV）下泄孔板下游的低压下泄管线和一条到反应堆和乏燃料水池冷却和处理系统的连接管线。在泵吸入口母管上同样有一条来自 RCV 系统净化回路下游的回水管线和一条来自门 R 系统的连接管线。

RRA 系统故障内容见表 5-3。

表 5-3　　　　　　　　　　　　　　　　RRA 系统故障

名称	位置
RRA 破口泄漏	RRA006MD 下游及 RRA014VP/015VP/114VP 上游
RRA 泄压阀全开位置卡住	RRA001VP、RRA021VP
余热排除泵跳闸	RRA001PO、RRA002PO
安注泵跳闸	RIS001PO、RIS002PO
RRA 热交换器泄漏	RRA001RF、RRA002RF

5.3.2 操作步骤

本实验以 RRA 泄漏为代表故障。

（1）启动模拟机，选择初态→冷停堆工况，稳定运行 5min，记录主要参数的数据。

（2）在教练员台选择故障→故障列表→RRA→RRA 泄漏，选择 0.1 小破口，延时 20s 插入。

（3）在操作员面板记录报警信号。

（4）打开操作员台界面的监测曲线，打开截图软件。

（5）在初期关注 RRA 流量、堆芯冷却剂温度、堆芯流量，做出图像记录。

（6）随后对稳压器水位、稳压器压力、比例式加热器功率、冷段喷淋、蒸发器流量、安注流量做出图像记录。

（7）对安全壳压力、安全壳温度，容控箱水位、压力、下泄流量做出图像记录。

（8）故障运行一段时间后，记录数据表格。

（9）进行结果分析。

5.3.3 注意事项

（1）破口大小可任意设置，可分为大破口和小破口分别实验，参考值：0.1～0.3 的小破口；0.4～0.6 大破口。

（2）注意观测 PTR 系统数据。

（3）注意 REA 自动补给的动作状态，并做出记录。

5.3.4 结果分析

（1）分析堆芯流量与堆芯冷却剂温度、PZR 压力、PZR 水位变化关系。

（2）分析 PZR 压力、比例式加热器功率、冷段喷淋、REA 自动补给流量、安注流量和蒸汽流量的变化关系。

（3）分析下泄流量、容控箱水位、压力的变化原因。

（4）分析安全壳压力、温度变化的原因。

5.3.5 思考题

（1）分析 AP1000 与 M310 堆型余热排出系统的差异。说明非能动 RRA 的优势。（参见王建伟，《AP1000 与 M310 堆型余热排出系统的差异分析》，《核动力工程》，第 30 卷第 6 期，2009.12）。

（2）大破口泄漏与小破口泄漏中，堆芯冷却剂温度变化梯度有什么相同或不同？（参考陈巧艳、汪俊、王世民，《岭澳二期工程维修冷停堆工况余小破口严重事故分析》《第十届全国反应堆热工流体力学会议论文集》）。

5.4 VVP 系统故障

5.4.1 实验原理

主蒸汽系统是用来将蒸汽发生器产生的新蒸汽输送到主汽轮机及其他用汽设备和系统，这些系统和设备如下：

（1）主汽轮机高压缸（GPV）。

（2）汽轮机轴封系统（CET）。

（3）汽水分离再热器系统（GSS）。

（4）蒸汽旁路排放系统（GCT）。

（5）主给水泵汽轮机（APP）。

（6）辅助给水泵汽轮机（ASG）。

（7）除氧器（ADG）。

（8）蒸汽转换器（STR）。

每根主蒸汽管道装有七个安全阀，分成两组：第一组 3 个为动力操作安全阀，压力整定值为 8.3MPa.a（绝对压力）。第二组 4 个为常规弹簧加载安全阀，压力整定值为 8.7MPa.a（绝对压力）。大气排放系统接头和辅助给水泵汽轮机供汽接头接在主隔离阀上游，保证当主蒸汽隔离阀关闭时大气排放系统和辅助给水系统能正常工作。

在蒸汽母管两端引出的延伸管接有 GCT 的 12 个通往冷凝器的蒸汽排放控制阀以及去主给水泵汽轮机。除氧器、蒸汽转换器、汽水分离再热器和轴封系统的供汽管。

在电站正常运行期间，主蒸汽隔离阀开启，在事故紧急情况下阀门会在 5s 内自动关闭。主蒸汽安全阀是防止一、二回路超压的安全保护措施，具体功能如下：

（1）为蒸汽发生器二回路侧和主蒸汽系统提供超压保护。

（2）防止一回路过热和超压。

（3）限制蒸汽释放流量以防止堆芯过冷。

VVP 可能遇到的故障和现象有：

（1）一只主蒸汽隔离阀意外关闭，发生故障的蒸汽发生器中压力升高，而未受影响的蒸汽发生器蒸汽流量迅速增加，压力下降，引起保护系统动作。

（2）三只主蒸汽隔离阀意外关闭，导致主蒸汽系统的压力和温度升高，安全阀动作防止系统超压，有关保护信号触发反应堆紧急闭停。

（3）一只蒸汽发生器安全阀意外开启，引起蒸汽失控释放，蒸汽大量流失，反应堆冷却剂迅速冷却，稳压器低水位和低压信号触发安注系统动作。

（4）蒸汽管道破裂，主蒸汽系统中一根蒸汽管道破裂，将导致蒸汽失效排放，反应堆冷却剂系统迅速冷却，反应堆因超功率而紧急停闭，安注系统投入。

VVP 系统故障见表 5 - 4。

表 5 - 4   **VVP 系统故障**

名称	位置	名称	位置
主蒸汽管道安全壳内破裂	一回路蒸汽管道	蒸发器安全阀卡开	蒸发器安全阀
主蒸汽向冷凝器排放阀卡死	冷凝器	主蒸汽隔离阀故障关闭	主蒸汽隔离阀
高压缸进汽阀卡死（卡在当前位置）	高压缸	旁排压力定值漂移	GCT

5.4.2　操作步骤

本实验以 1 号主蒸汽管道安全壳内破裂为代表故障：

（1）启动模拟机，正常启动反应堆，稳定运行，记录主要数据。

（2）在教练员台选择故障→故障列表→VVP→1 号主蒸汽管道安全壳内破裂，选择大破口（0.45），延时 20s 插入，无渐变。

（3）打开监测曲线。

（4）在操作员台记录报警信号。

（5）打开截图软件，对监测曲线上的反应堆芯功率、反应性、堆芯核功率，做出图像记录。

（6）对冷却剂平均温度、SG 蒸汽压力、蒸汽流量、主阀门和 GCT 开度、PZR 压力做出图像记录。

（7）对比例加热器、冷段喷淋、上充流量、下泄流量做出记录。

（8）对安注流量、安全壳温度、安全壳压力做出图像记录。

（9）对控制棒位、凝汽器压力、高压缸压力做出图像记录。

（10）稳定运行一段时间后，记录故障运行数据，与正常数据比较，做出结果分析。

5.4.3　注意事项

（1）注意堆芯反应性的变化，并与安注投入结合。

（2）注意自动补给系统的流量变化。

（3）不同大小的破口现象不同，建议进行多次实验，注意尝试找到最大破口值。

（4）不同初始功率下，故障现象会有不同变化，建议进行分次实验。

5.4.4　结果分析

（1）分析堆芯参数和控制棒位变化的原因。

（2）分析 PZR 参数变化的原因，结合冷段喷淋、比例式加热器功率和安注流量，分析上充流和下泄流的变化原因。

（3）分析安全壳温度和压力变化的原因。

（4）分析 SG 参数、主蒸汽流量、各蒸汽阀门开度变化的关系。

（5）分析凝汽器和高压缸排气压力的变化原因。

5.4.5　思考题

（1）故障运行中堆芯可能重返临界，反应性出现回升恢复功率，为什么？

（2）电厂初始功率对故障现象存在影响，为什么？（参考张渝，《安全壳内 MSLB 事故下的质能释放与安全壳行为分析》,《核动力工程》,第 23 卷第 5 期,2002.10)。

(3)破口大小对故障现象影响较大,但存在一个极限大破口,大于该值的破口大小,都不能引起更大的破口流,为什么?(参考张渝,《安全壳内 MSLB 事故下的质能释放与安全壳行为分析》,《核动力工程》,第 23 卷第 5 期,2002.10)。

5.5 ARE 系 统 故 障

5.5.1 实验原理

由于压水堆主给水系统设计上的脆弱性,主给水丧失瞬变是比较易于发生的事件,其发生原因可能是给水泵或增压泵或凝结水泵停运,也可能是给水管道破裂。

ARE 系统故障见表 5 - 5。

表 5 - 5   ARE 系统故障

名称	位置	名称	位置
主给水丧失	主给水泵、凝结水泵	辅助给水丧失	辅助给水系统
给水管道安全壳内破裂	1、2、3 号主给水管道	蒸发器参考液位漂移	1、2、3 号蒸发器

单纯的主给水丧失或流量降低事件一般没有严重后果。主给水流量减少使蒸汽发生器产生低水位信号和给水——蒸汽流量失信号触发停堆、停汽轮机。此后辅助给水自动投入,蒸汽被旁路排放到主冷凝器,或通过主蒸汽管线卸压阀与安全阀直接排入大气,反应堆可以安全地转入冷停堆工况。由于二次侧排热减少,主系统温度及稳压器液位会有所上升,然而稳压器不会满溢,因而不会有冷却剂流失。蒸汽发生器水位虽有所下降,但仍有足够的余热排出能力,因而不会有元件损伤。

主给水丧失瞬变引起关注,主要不是瞬变本身的后果,而是主给水丧失后失去全部给水(三里岛事故)或不能紧急停堆(ATWS)的潜在威胁。

主给水管道隔离阀以内(蒸汽发生器一侧)的破裂属于主给水管道破裂事故,事故下不但丧失给水能力,而且破损蒸汽发生器二次侧原有存水也会从破口处迅速流失,该台蒸汽发生器二次侧压力不可控下降。这是一个相对来说后果最不严重的极限 DBA 事件。由于主给水故障或管道破口造成一次侧冷却不足,一次侧会产生压力峰值。就给水管道破裂事故的保守分析而言,为了得到高的压力峰值,必须对破口大小做敏感性分析,找到极限破口尺寸。研究发现,较迟的紧急停堆,较少的二次侧初装水量,较低的给水焓,将引起较高的峰值压力。

5.5.2 操作步骤

本次实验以1号主给水管道安全壳内破裂为代表故障：

（1）启动模拟机，正常启动反应堆，稳定运行，记录主要参数。

（2）在教练员台选择故障→故障列表→ARE→1号主给水管道安全壳内破裂，选择小破口（0.1），延时20s插入，无渐变。

（3）打开监测曲线。

（4）在操作员台记录报警信号，并注意各给水系统阀门开度变化。操作界面如图5-14所示。

图5-14　给水系统界面

（5）打开截图软件，对监测曲线上的控制棒位、反应堆芯功率、反应性、堆芯核功率和SG水位做出图像记录。

（6）对冷却剂平均温度、SG蒸汽压力、蒸汽流量、主阀门和GCT开度、PZR压力做出图像记录。

（7）对比例加热器、冷段喷淋、上充流量、下泄流量做出记录。

（8）对辅助给水流量做出图像记录。

（9）对安全壳内温度和压力做出图像记录。

（10）稳定运行一段时间后，记录故障运行数据，与正常数据比较，做出结果分析。

5.5.3 注意事项

（1）注意记录 PZR 的压力峰值，并与 PZR 安全阀组动作整定值（17.25MPa）做出比较。

（2）注意安全壳喷淋系统是否投入。

（3）注意非故障的蒸汽发生器最小给水流量。

5.5.4 结果分析

（1）分析 SG 水位、冷却剂均温、堆芯反应性与辅助给水流量的变化关系。

（2）分析 PZR 参数与冷段喷淋、比例式加热器功率、安注流量的变化关系。

（3）分析安全壳内压力、温度与安全壳喷淋量的变化关系。

（4）分析堆芯功率、控制棒位与 PZR 压力和 SG 水位的关系。

5.5.5 思考题

（1）PZR 安全阀是否会打开，为什么？（参考刘建平，《岭澳核电厂主给水管道破裂事故计算分析》）。

（2）通过模拟机实验，分析三里岛事故原因及过程。

压水堆核电厂
虚拟仿真技术与实验
Pressurized Water Reactor Nuclear Power Plant
Virtual Simulation Technology and Experiments

第六章

核电厂虚拟换料过程实验

6.1 实 验 目 的

（1）了解并掌握压水堆核电厂的换料过程。

（2）了解并熟悉虚拟仿真系统中的虚拟换料系统。

（3）利用虚拟换料系统，参照实验指导书能够独立自主地完成虚拟换料整个过程，加深对换料过程的学习。

6.2 实 验 基 本 原 理

利用虚拟换料系统模拟运行反应堆换料过程的操作，并在虚拟换料系统上手动进行虚拟换料。

6.3 实 验 主 要 设 备

武汉核动力运行研究院核电仿真中心为核电厂开发了用于工作人员操作培训的虚拟仿真系统。结合该单位的研究成果，武汉大学与其合作建成了国内先进的核电厂虚拟仿真实验室。武汉大学虚拟仿真实验室系统中包括虚拟主泵装配系统、虚拟反应堆组件系统、虚拟核电厂漫游系统、虚拟蒸汽发生器组件系统及开盖与换料过程仿真系统。

虚拟仿真系统主要硬件支持为高端 PC 计算机或者图形工作站、显示器等。高端 CPU 配置：CPU 双核 2.4G 以上，内存 2G 以上，显卡显存 512M 以上；图形工作站配置：CPU 2 个 3.6G 以上，内存 4G 以上，专业显卡显存 512M 以上。

实验主要利用开盖与换料过程仿真系统进行换料过程的模拟。

6.4 实验学时及教学形式

实验共 2 学时,主要教学形式为学生实验前预习实验指导书,并写出预习报告。了解掌握实验基本原理和方法及虚拟换料系统的实验说明,教师做针对性指导,具体由学生自主动手完成换料过程模拟。

6.5 实验系统说明

6.5.1 系统界面

运行虚拟反应堆开盖与换料系统,弹出如图 6-1 所示的软件界面。

6.5.2 系统主界面说明

系统主要分为两大方面:一为菜单栏与工具栏,提供软件操作的相关接口;二为三维窗口,显示任意状态下操作的响应三维画面,如图 6-2 所示。

图 6-1 虚拟换料仿真系统主界面

图 6-2 系统主界面

菜单栏中"设置运行速度"有 1/2 倍、1 倍、2 倍、4 倍和 8 倍于正常速度,操作过程中可做相应调整。"模型操作"可进行模型选择、模型取消等。"视点操作"中"选取视点"有多个系统默认的视点,可进行切换,操作者还可以自行进行自选视点的保存、读取等。"设置漫游速度"可以设置鼠标和键盘的操作速度。另外,可利用"视频录制"对整个换料过程进行视频记录。

6.5.3 菜单功能说明

菜单栏中重要的"环吊操作台"、换料机"操作台""乏燃料操作台"分别连接相应的操作控制界面，如图 6-3～图 6-5 所示。

图 6-3　环吊操作控制界面

图 6-4　换料机操作台控制界面

图 6-5　乏燃料桥吊操作台控制界面

　　模拟换料机操作台上的"大车操作"用来控制换料主行车的运动，单击"前进""后退"使其在反应堆水池和构件水池上平移。"小车操作"用来控制换料小车的运动，单击"向左""向右"使其在换料车大车上左右平移。"倾翻机操作"用来控制倾翻机的起降，单击"起""降"可使倾翻机升起和下降。"钩爪操作"用来控制钩爪的运动和抓取，单击"上升""下降"可使换料机钩爪做上升和下降运动，单击"夹爪"可使钩爪抓取燃料组件，单击"松爪"可使钩爪放下燃料组件。"2m/min""0.6m/min""0.2m/min""快时"表示运动的速度。"2m/min""0.6m/min""0.2m/min"表示实际的速度，单击可以进行切换。"快时"是在原有速度的基础上进行加倍。"停止"按钮用来停止换料车的运动，单击可使换料车停止运动。"返回"按钮是返回到上一级流程。

　　模拟乏燃料桥吊操作台上的"大车操作"用来控制桥吊主行车的运动，单击"前进""后退"使其在乏燃料水池上平移。"小车操作"用来控制桥吊小车的运动，单击"向左""向右"使其在桥吊大车上左右平移。"倾翻机操作"用来控制倾翻机的起降，单击"起""降"可使倾翻机升起和下降。"钩爪操作"用来控制钩爪的运动和抓取，单击"上升""下降"可使换料机钩爪做上升和下降运动，单击"夹爪"可使钩爪抓取燃料组件，单击"松爪"可使钩爪放下燃料组件。"快速""慢速"控制整个桥吊的运动速度。"返回"按钮是返回到上一级流程。

　　"反应堆顶盖吊离"和"卸燃料组件"等下面分别是相应的操作流程，完成装配过程必须按照此操作流程进行。

　　系统启动时主流程图开启，用于显示装配主流程，如图 6-6 所示。

图 6-6　主流程

6.6 基本操作说明

6.6.1 镜头运动基本操作

（1）按"W"键，或按住鼠标左键前移，镜头向前运动。

（2）按"S"键，或按住鼠标左键后移，镜头向后运动。

（3）按"A"键，镜头向左移动。

（4）按"D"键，镜头向右移动。

（5）按"R"键，或按住鼠标右键前移，提高镜头。

（6）按"F"键，或按住鼠标右键后移，降低镜头。

（7）按"↑"，镜头向上转动，产生抬头效果。

（8）按"↓"，镜头向下转动，产生低头效果。

（9）按"←"，或按住鼠标左键左移，镜头向左转动。

（10）按"→"，或按住鼠标左键右移，镜头向右转动。

（11）按住鼠标中键，镜头方向漫游。

（12）按"Q"键，镜头以设定中心向左环绕。

（13）按"E"键，镜头以设定中心向右环绕。

（14）同时点击鼠标左右键，镜头方向回到水平位置。

6.6.2 快捷键说明

快捷键见表 6-1。

表 6-1 　　　　　　　　　　　　快　捷　键

序号	快捷键	功能
1	↑ ↓ ← →	镜头上下左右转动
2	WSAD	镜头前后左右移动
3	RF	镜头上下移动
4	Shift+↑ ↓ ← →WSADRF	镜头加速移动
5	QE	镜头左右环视
6	Esc	取消选择
7	1-9	视点1-9
8	Ctrl+W	窗口全屏显示
9	P	显示帧数

6.7 实验换料操作规程

系统启动时会弹出流程对话框，提示用户按照核电厂开盖及换料相应规程进行操作。每个步骤都有相应的自动演示功能，这里的规程为手动操作规程。

6.7.1 顶盖吊离规程

系统做了几个关键步骤的模拟操作，流程其他部分采用图片与文字说明的形式进行补充，点击可查看相关说明，亦可从菜单栏中"流程控制"选择查看说明。

（1）反应堆顶盖开盖前的准备工作。单击主流程图界面中的"反应堆顶盖开盖前的工作"按钮，弹出图6-7所示的窗口，其中对开盖前期准备工作进行介绍，可上下滚动鼠标查看。主要步骤包括开盖前期的准备工作、连接螺栓的拆除等，这些是顶盖吊离前必需的步骤。浏览完之后点击"返回"按钮或者直接关闭浏览窗口返回到主流程界面。此时抗震拉杆和电缆桥架收起。

（2）吊离反应堆顶盖放于存储间。完成上一步操作后，主流程会自动跳到下一步操作，说明此步骤完成。

点击相应按钮，弹出如图6-8所示的吊离反应堆顶盖流程窗口，按如下规程进行操作：

1）换料车移至构件水池上方。此时应先将换料车移至构件水池上方，避免在吊离顶盖的时候与换料车发生碰撞。相应操作为：单击"换料车移至构件水池上方"按钮，弹出图6-4所示的模拟换料机操作平台；单击"大车操作"下的"后退"按钮，待换料机Y坐标移动至－3.15左右时点击"停止"按钮，单击"返回"按钮，回到"吊离反应堆顶盖流程"窗口。

图6-7 反应堆顶盖开盖前的准备工作

图6-8 吊离反应堆顶盖流程

2）用环吊吊起大盖起吊装置，移至反应堆上方。单击相应按钮弹出图6-3所示的模拟环吊操作平台。

单击"环吊操作"下"正向"按钮，待环吊操作的坐标值变化到63.20左右，点击"停止"按钮，使环吊转到大盖起吊装置上方。

单击"小车操作"下的"前进"按钮，小车操作的坐标值变化到12.22左右，点击"停止"按钮，使环吊转到大盖起吊装置上方。

单击"吊钩操作"下的"下降"，使吊钩下降到与大盖起吊装置连接处。此时在一定范围内"顶盖吊离"中的"插销"按钮会变亮，如图6-9所示，单击"插销"按钮后准备吊起大盖起吊装置。

点击"吊钩操作"下的"上升"按钮，待坐标值变成0.00时停止，点击"环吊操作"下的"反向"按钮，坐标值变为40.00左右停止，然后点击"小车操作"下的"后退"按钮，坐标值变为0.00左右停止。这样大盖起吊装置位于反应堆上方。吊起大盖起吊装置如图6-10所示。

图6-9　"插销2"按钮亮

图6-10　吊起大盖起吊装置

3）吊起反应堆顶盖，提升至水池上方，水面上升。点击"吊钩操作"下的"下降"按钮，下降至一定范围可看到操作界面中顶盖吊离"插销2"按钮闪亮，如图6-11所示。

单击"插销2"按钮，大盖起吊装置与反应堆顶盖结合。

单击"吊钩操作"下的"上升"按钮，提升反应堆顶盖。当反应堆大盖提升到一定高度时，弹出提示"待水位提升后方可继续提升"，如图6-12所示。大盖停止上升，等待水池水位上升。点击"确定"。当水位上升覆盖整个反应堆时，继续起吊反应堆大盖，此时反应堆大盖底部与水池水面始终保持1m左右的距离，直到吊钩操作的坐标值变为0。

图 6-11 "插销 2"按钮亮示意图

图 6-12 水位上升提示

4）将反应堆移至顶盖存储间。点击"环吊操作"
下的"反向"按钮，待坐标值变化到 330.00 左右，点
击"停止"按钮。然后点击"小车操作"下的"后退"
按钮，在反应堆顶盖位于存储间上方一定范围时自动识
别将反应堆顶盖放入存储间，如图 6-13 所示。再单击
"顶盖吊离"下的"脱销"，然后点击"吊钩操作"的
"上升"按钮使吊钩回到初始位置，盖板自动关闭。

单击"返回"按钮，进行下一步操作。

（3）控制棒驱动杆与控制棒束脱扣。单击主流程图
中的相应按钮，弹出如图 6-14 所示的窗口，对接下来
的流程进行介绍，浏览完后单击"返回"按钮，进行下一步操作。

图 6-13 反应堆顶盖放入存储间

图 6-14 控制棒驱动杆脱扣说明

（4）吊出上部构件放于存储支架上。单击主流程图中相应按钮，弹出吊出上部构件流程界面。

1）换料车移至水池的反应堆一侧。在弹出的模拟换料机操作界面中点击"大车操作"下的"前进"按钮，至 Y 坐标值变为 3.85；点击"小车操作"下的"向右"按钮，至 X 坐标值变为 9.85 左右。为了避免产生碰撞，此时再点击"小车操作"的"向左"按钮，直至 X 坐标值变为 0.00 左右，然后点击"大车操作"的"前进"按钮，直到停止运动。

2）用环吊吊起上部构件起吊装置，移至储存支架套上构件保护环。单击"返回"按钮，回到吊出上部构件流程界面，单击相应的按钮，弹出模拟环吊操作界面。点击"环吊操作"的反向按钮，待坐标值变为 309.58 左右点击"停止"按钮；然后点击"小车操作"的"前进"按钮，待坐标值变为 14.29 左右点击"停止"按钮；点击"吊钩操作"的"下降"按钮，在下降的过程中吊出上部构件栏下的"插销"按钮会变亮，单击"插销"之后将上部构件起吊工具与环吊结合，如图 6-15 所示。

图 6-15　上部构件起吊工具与环吊结合

点击"吊钩操作"的"上升"按钮，当上部构件起吊工具上升到一定高度时，上部构件起吊工具自动去抓取上部构件保护环。

3）移动上部构件起吊装置至反应堆，吊起反应堆上部构件。点击"吊钩操作"的"上升"按钮，至坐标值变为 -10.68 左右点击"停止"按钮；点击"环吊操作"的"正向"按钮，至坐标值变为 275.00 左右点击"停止"按钮；然后点击"小车操作"的"后退"按钮，在后退的过程中操作界面上的"吊上部构件"中的"插销 2"按钮闪亮，单击后上部构件起吊架就位。

4）将反应堆上部构件移至储存支架上。点击"吊钩操作"的"上升"按钮，提示起吊上部构件时必须注意，上部构件不能被吊出水面。如果强行起吊，会弹出提示提醒用户，如图 6-16 所示。单击"确定"后继续操作。

点击"环吊操作"的"正向"按钮，至坐标值变为 280.00 左右点击"停止"按钮；然后点击"小车操作"的"前进"按钮；在运动过程中会提示产生碰撞，此时调节"环吊操作"的"方向"按钮，至坐标值变为 275.0 左右；然后点击"小车操作"的"前进"

按钮，将上部构件移动到构件水池上方，至合适位置范围后，自动就位于上部构件贮存格架。

上部构件就位后，操作平台中"吊上部构件"中的"脱销"按钮闪亮，吊钩与上部构件起吊专用工具脱销；然后点击"吊钩操作"的"上升"按钮，升起吊钩。

（5）安装撇渣器等待卸料工作。单击主流程相应按钮，弹出如图 6-17 所示窗口，对安装撇渣器等工作进行介绍，浏览完成后返回。至此开盖过程结束，准备下一步卸料操作。

图 6-16　吊出上部构件提示

图 6-17　安装撇渣器介绍

6.7.2　卸燃料组件

（1）换料车移至反应堆上方，下降夹爪，抓取燃料组件。单击主流程图中相应按钮，弹出卸燃料组件流程图。

点击相应按钮，在弹出的模拟换料机操作平台上操作换料机抓取燃料组件；点击"大车操作"的"后退"按钮，至 Y 坐标值变为 6.76 左右；然后点击"钩爪操作"的"下降"按钮，当爪钩下降到一定范围后，"夹爪"按钮闪亮，表示定位准确，可以进行抓取操作，如图 6-18 所示。

操作过程中应按照卸料操作规程在操作平台上选择合适的速度，当爪钩精确定位时，应选用 0.2m/min 挡位。完成抓取后单击"返回"回到主流程。

（2）提升燃料组件，升倾翻机。单击"钩爪操作"的"上升"按钮，提升燃料组件。当燃料组件完全提升收入套筒后，方可移动换料机，如图 6-19 所示。

单击"倾翻机操作"下的"起"按钮，使燃料传输小车的燃料套筒竖起，以便燃料组件的放入。完成后单击"返回"按钮回到主流程。

图 6-18　"夹爪"按钮亮

图 6-19　燃料组件提升到套筒内

（3）换料车移至倾翻机上方，将燃料组件放入倾翻机盒内。点击换料机操作界面上的"大车操作"的"后退"按钮，至 Y 坐标值变为 2.85 左右时点击"停止"按钮；然后点击"小车操作"的"向右"按钮，至 X 坐标值变为 1.27 左右时停止；点击大车操作"的"后退"按钮，换料车向倾翻机位置移动，当换料机套筒移动至合适位置时，抓钩自动定位于传输小车套筒上方并下降钩爪，将燃料组件放入传输小车套筒内。

图 6-20　燃料组件运入燃料厂房

燃料组件完全进入传输小车套筒后，模拟换料机操作台中"抓钩操作"的"松爪"按钮闪亮，并单击，此时换料机夹爪松开对燃料组件的抓取；然后单击"钩爪操作"的"上升"按钮提升钩爪，移动换料机，避免倾翻机下降时相碰撞。完成后单击"返回"按钮回到主流程。

（4）降倾翻机，燃料组件运入燃料厂房。单击"倾翻机操作"下的"降"按钮，倾翻机下降至水平位置，之后倾翻机燃料套筒自动被传输装置运送到乏燃料厂房，如图 6-20 所示。完成后单击"返回"按钮回到主流程。

6.7.3　乏燃料接收

切换到乏燃料厂房。

（1）乏燃料接收过程说明。单击主流程图中相应按钮，弹出乏燃料接收流程。单击相应按钮，查看乏燃料接收过程说明，如图 6-21 所示。

（2）升倾翻机。单击相应的按钮，弹出乏燃料桥吊操作平台界面。倾翻机燃料套筒运送

到燃料厂房后，单击"倾翻机操作"下的"起"按
钮，使倾翻机竖起。完成后单击"返回"按钮回到
主流程。

（3）乏燃料桥吊抓取燃料组件。操作乏燃料厂
房桥吊，单击"小车操作"的"向左"按钮至合适
位置，再单击"大车操作"的前进按钮，乏燃料手
动工具爪钩位于合适位置后"钩爪操作"的"夹
爪"按钮闪亮，单击后乏燃料手动工具夹头自动抓
取从 R 厂房传输过来的燃料组件。完成后单击"返
回"按钮回到主流程。

（4）燃料组件放入存储格架。操作桥吊控制界
面，点击"钩爪操作"的"上升"按钮，提升燃料

图 6-21　乏燃料接收过程说明

组件；点击"大车操作"中的"后退"按钮，移动燃料组件至乏燃料池，系统自动定位将乏
燃料置于乏燃料池存储格架中，如图 6-22 所示。完成后单击"返回"按钮回到主流程，至
此卸料结束，准备装载新燃料。

图 6-22　燃料组件放入存储格架

6.7.4　装燃料组件

（1）新燃料接收过程说明。单击主流程图
上相应按钮，弹出相应窗口，对新燃料接收过
程进行说明，如图 6-23 所示。浏览完成后点
击"返回"按钮回到主流程。

（2）乏燃料水池桥吊抓取燃料组件。操作
乏燃料厂房桥吊，单击"大车操作"中的"后
退"按钮至合适位置；再单击"小车操作"的
"向左"按钮至合适位置；点击"钩爪操作"
的"下降"按钮，系统自动抓取新燃料组件。

（3）降倾翻机，燃料组件运至反应堆厂
房，升倾翻机。点击"倾翻机操作"下的
"降"按钮，倾翻机下降至水平位置，之后倾翻机燃料套筒自动被传输装置运送到燃料厂房
内。再点击"倾翻机操作"下的"起"按钮，使倾翻机竖起。

（4）换料车移至倾翻机上方，抓取燃料组件。将换料车移至倾翻机上方，单击"钩爪操
作"的"下降"按钮抓取燃料组件。

（5）换料车移至反应堆上方，将燃料组件放入堆芯。弹出换料机操作界面，单击"大车操作"的"前进"按钮，至 Y 坐标值变为 6.55 左右；单击"小车操作"的"向左"按钮，至 X 坐标值变为 -1.95 左右后单击"钩爪操作"的"下降"按钮，将燃料组件放入堆芯中，如图 6-24 所示。

图 6-23　新燃料组件接收过程说明　　　　图 6-24　燃料组件放入堆芯

完成后单击"返回"按钮回到主流程。至此，整个模拟换料过程结束。

6.8　实验注意事项

图 6-25　碰撞不会产生提示

吊出上部构件中"换料车移至构件水池的反应堆一侧"中，手动操作点击"大车操作"的"前进"按钮后，系统会自动将换料车移至构件水池上方。该系统在这里的设计本来就是一个半自动的过程，目的是让用户知道：换料车向反应堆侧移动时，要控制小车避开堆芯上部构件。其实软件的整个手动操作过程中，存在很多自动演示，是为了省去用户复杂的操作。

软件由于受 eon 引擎与建模方式的限制，未实现碰撞检测，所以移动过程中，发生碰撞没有提示，如图 6-25 所示，今后可进行改进。

卸燃料组件部分，只要自动演示了"换料车夹爪抓取燃料组件"后，马上又点回"卸燃料组件"，再进行"换料车夹爪抓取燃料组件"手动控制，就会出现换料车"钩爪操作"下降到底，

"夹爪"按钮不会亮，图6-26即这种情况。这时必须重新运行程序才会恢复正常。另外，手动模式下确实存在很多类似问题，包括其他触发亮灯式按钮，因为它们的触发条件在跳步骤时并未重置（重置是在每一小步的衔接过程中完成的）。手动操作时，如果想重来，可点击第一个"顶盖吊离"步骤，从头开始操作。

　　自动演示过程没有演示完就进行手动操作的话，会出现各种混乱的情况，图6-27即为其中一种。每一步骤需在自动和手动中选择一种方式操作，不要同时进行。

图6-26　夹爪不亮　　　　　图6-27　吊钩保护环位置错乱

装新燃料部分没有设计手动操作。

压水堆核电厂
虚拟仿真技术与实验
Pressurized Water Reactor Nuclear Power Plant
Virtual Simulation Technology and Experiments

第七章

基于SimStore的核电厂二回路虚拟仿真平台

7.1 SimStore 简介

SimStore 作为北京博努力仿真公司拥有全部自主知识产权的软件包，提供了仿真机从开发到运行等一系列功能。其组成图、开发架构图及运行架构图如图 7-1～图 7-3 所示。

SimStore软件包		
MSP	多学科仿真平台	开发/运行
GView	人机交互界面软件	运行
Gconsole	总教练员台与总考评台	运行
CtrlLib	控制系统模块开发软件	开发
CtrlBuilder	控制系统组态开发软件	开发
FlowLib	热力系统模块开发软件	开发
FlowBuilder	热力系统组态开发软件	开发
ElecLib	电气系统模块开发软件	开发
ElecBuilder	电气系统组态开发软件	开发

图 7-1 SimStore 仿真软件包组成图

7.1.1 MSP 仿真平台

SimStore 软件包的仿真平台是 MSP 多学科仿真平台。MSP 多学科仿真平台是一款以大型复杂系统为对象进行连续仿真计算的平台，提供了仿真程序设计和调试、数据的本地和远程共享、仿真运行管理等功能。

MSP 通用仿真平台作为核心软件，提供了仿真计算任务的调度和仿真数据的管理等基本功能，同时内置的插件机制允许对 MSP 进行功能扩展。平台以插件为基础的设计框架大大简化了功能扩充，平台只提供最基本的数据库和任务调度功能。其他仿真功能全部以插件

图 7-2　SimStore 仿真软件开发架构图

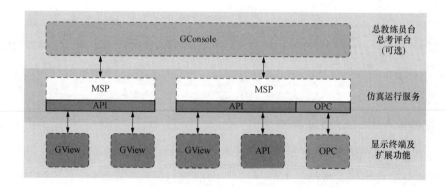

图 7-3　SimStore 仿真软件运行架构图

形式提供。

　　MSP 拥有针对仿真需求特别设计的仿真数据库，能够存储高达百万级别的仿真数据，并且提供高性能的数据查询和访问操作。数据的在线访问可以大大简化仿真程序的调试和运行。仿真数据库提供的仿真变量在线访问和管理功能，也能够方便快捷地管理百万量级的变量，极大地提升本地访问和远程访问的性能。

　　任务加载提供了灵活的任务调度方式，在无须编译的情况下允许用户更改每个任务中的工程调用顺序或者重新分配工程到任务中。

　　为了适应当前计算机多核心化的趋势，MSP 使用了具有很高适应性的计算调度模式，可以充分利用计算机的资源。MSP 使用了 TCP/IP 协议进行通信，能够将仿真的设计工作和运行方式布置到更大的范围中，可以更好地满足仿真需求。

　　通过 MSP 提供的 API，用户可以方便地定制出满足自己需求的程序。

MSP 通用仿真平台代码调试窗口如图 7 - 4 所示。

图 7 - 4　MSP 通用仿真平台代码调试窗口

7.1.2　GView 人机交互界面软件

SimStore 软件包中的 GView 是面向监控和仿真领域的画面组态软件，可以作为流程行业计算机监控及仿真机的人机操作界面。其基本功能包括设备（实际设备或仿真设备）工作状态显示（如指示灯、按钮、文字、图形、曲线等），以及设备工作参数的设定。GView 提供了显示动态功能，如数字动态、颜色动态、文本动态、图片动态、旋转动态、属性绑定、变量映射等功能；提供了操作动态功能，如 SET、TOGGLE、OPS、POPUP、GOTO 等功能。图 7 - 5 显示 GView 人机交互界面。

7.1.3　GConsle 考评系统

GConsle 考评系统基于 MSP 平台而开发，用于对仿真软件使用者对自身操作水平和对工艺流程认知程度的考评。测评软件由五个主要模块组成：工况库、故障库、考题库、试卷库和测评终端。每个模块都在软件窗口的左侧对应一个管理窗口。

考评系统主要包括仿真实训控制和仿真考试两大功能。实训功能包括：运行、暂停、停止；加载工况；触发故障；操作记录（可以记录最近的 60 个操作）。考试功能包括：试卷选定；进度记录；结果生成。该系统由以下主要模块构成。

（1）工况管理。该模块用于记录各个仿真终端可以使用的工况，并定义每个工况的信息

图 7-5　GView 人机交互界面

和加载方式。

（2）故障管理。该模块用于记录本仿真项目所能支持的故障信息和触发方式。

（3）考题管理。该模块用于定义考题。每个考题由一个初始工况和若干故障定义，当考题在仿真终端开始以后，测评系统能够根据终端上的操作对其进行自动打分。测评过程是通过打分规则对终端操作进行实时判断。每个考题可以由若干个打分规则组成。每个考题支持的内容包括：

1）名称（考题的名称）。

2）考试时间（该考题进行的时间）。

3）难度（该考题的难度）。

4）基本分数（该考题在开始时的分数，考试中会对其进行扣除或累加）。

5）初始工况。

6）故障及故障发生时间（若该考题中含有故障，须定义何时触发故障）。

打分规则，其内容包括：

1）进行打分的时间或者进行打分的条件（打分时间是指仿真运行时间满足之后开始进行打分；打分条件是指某个变量满足一定条件之后开始进行打分）。

2）该规则是否需要进行重复判断（重复判断会重复对分数进行扣除或累加）。

3）分数（进行打分时是进行分数的扣除还是分数的累加）。

如果要进行有顺序的判断，可以将后一个打分规则的打分条件设置为前一个打分规则的判定条件。例如要求先开阀门 A 再开阀门 B，可以分别建立对阀门 A 和阀门 B 的打分规则，然后将阀门 B 打分规则的打分条件设定为阀门 A 已打开（即阀门 A 开度对应的变量满足一定条件）。

（4）试卷管理。试卷是由若干试题组成的，也可以由定义的生成规则自动生成。

（5）仿真控制。仿真控制可以对所有的在线仿真终端进行实训和考试。仿真控制操作可以通过选择而作用于全部或者部分终端。

GConsle 考评系统网络架构如图 7-6 所示。

图 7-6　GConsle 考评系统架构图

7.1.4　ThermBuilder 热力系统软件

ThermBuilder 热力系统软件从用户界面友好出发，基于基本的质量、动量和能量守恒方程，通过生成一套程序来模拟两相流系统。通过将质量、动量、气体压力方程集合在一个矩阵里求解，可提供快速、稳定的压力流量响应，计算稳定；提高了流量计算的精度，使网络系统严格遵守质量平衡方程。通过分开气体和液体的守恒平衡以及使用更准确的动量平衡方程，仿真模型可准确地模拟各种不同的情形，例如：动态汽液相，管路的充满和排空，气体/液体流量和液位间的关系，水压的慢变和快变过程，温度变化的快慢等。

ThermBuilder 热力系统两相流建模软件提供完善的模块库，使用户可以方便搭建各种工艺流程的系统进行研究和设计工作。

ThermBuilder 的模块库采用实际设备示意图。建模人员选择设备图元，按照仿真对象的工艺流程进行图元的连接，系统按照设备图元的连接关系自动建立设备模块的连接从而自

动生成仿真模型。这种方式建成的模型图类似仿真对象的系统图，其仿真建模窗口如图 7-7
所示。

图 7-7　ThermBuilder 仿真建模窗口

ThermBuilder 方便易用，自动生成程序不但有错误消息提示的功能，而且提供内部检
查。在代码生成期间，这个特性有助于发现流网系统设置中的错误，节省调试训练者宝贵的
时间，保证了更高的初始建模质量。

7.2　模　块　简　介

在本虚拟仿真平台中，用到了以下模块来构成虚拟核电厂的二回路。

7.2.1　两相箱体类模块

（1）两相换热器模块。两相换热器模块如图 7-8 所示。

此模块相当于具有换热板换热功能的两相箱体，一侧（热
侧）是汽水共存，一侧（冷却侧）是水，因此使用时需引用管
侧换热器模块计算出的换热系数及热流密度，在本平台中，起
到蒸汽发生器二回路侧和给水加热器加热蒸汽侧的作用。两相
换热器模块常与以下模块相互引用：①汽液两相-水换热。"两
相换热器"与"机理对流换热器管侧（液体）"互相引用。"两
相换热器"与"简化对流换热器管侧（液体）"互相引用。一般用于汽水共存的加热器与水

图 7-8　两相换热器模块

侧的换热，例如高压加热器、低压加热器、轴封加热器、汽水分离器等。②汽液两相-气体换热。"两相换热器"可与"机理对流换热器管侧（气体）"或"简化对流换热器管侧（气体）"两种模块互相引用。

1）常数。

a. 箱体形状、两相换热器体积、下标高及上标高。箱体形状 $SEL_1 = 0$，箱体为立式箱体；$SEL_1 = 1$，为卧式圆形截面箱体，箱体形状 SEL_1 可根据实际选择；两相换热器体积 KVD_1 的默认值 $10m^3$，需根据实际设计值填写；两相换热器的下标高 $KLWN_1$ 是指两相换热器底部距离零势点的高度；两相换热器的上标高 $KUPN_1$ 是指两相换热器顶部距离零势点的高度。

b. 两相换热器水力直径、横截面积、管壁厚度、污垢系数及汽液换热常数。两相换热器的水力直径 $KDIA_1$ 是指两相换热器换热管直径，默认值为 0.04，可根据实际设计值填写；两相换热器的横截面积 $KAREA_1$ 的默认值为 0.02，可根据实际情况填写；管壁厚度 KTM_1 用来调整管壁金属热惯性，默认值为 0.005，可按实际需要填写；两相换热器换热板的污垢系数 $KFOUL_1$ 用来计算污垢热阻，默认值为 0.001，也可根据实际需要填写；汽体与液体之间的换热系数 $KINF_1$ 用于计算两相节点蒸汽与水的接触面积，默认值为 12。

c. 两相换热器表面积、换热器壁厚、换热器内侧污垢系数及外侧污垢系数。两相换热器的表面积 $WALLSA_1$ 用以计算两相换热器的换热量，默认值为 0.1，可根据实际需要估算填写；两相换热器壁的厚度 $WALLKTH_1$ 用以计算两相换热器壁温，默认值为 0.08，也可根据实际需要估算填写；两相换热器内侧污垢系数 $WALLKX1_1$ 用于计算箱体壁内侧的污垢热阻，默认值为 0.001，可按需要填写；两相换热器外侧污垢系数 $WALLKX2_1$ 用于计算箱体外侧的污垢热阻，默认值为 0.001，也可根据实际需要填写。

d. 1、2 号流入管道流通能力 $KADMIN10_1$、$KADMIN20_1$。1 号代表通流介质为气体（蒸汽），上方两处端口分别为气体（蒸汽）的流入与流出端口；2 号代表通流介质为液体，下方两处端口分别为液体的流入与流出端口，之后介绍两相箱体类模块和汽水分离器模块时不再赘述。

通过预处理计算而得，计算式为

$$KADM_1 = \frac{G_1^2}{dP_1 \times \rho_1} \quad (7-1)$$

式中　G_1——经过换热器的介质流量，kg/s；

　　　ρ_1——经过换热器的介质密度，kg/m³；

　　　dP_1——换热器阻力，MPa。

e. 1、2 号流出管道流通能力 $KADMTO10_1$ 与 $KADMTO20_1$。通过预处理计算而得，同上。

2）修正常数。

a.1、2 号流入管道最小压降设定 $KDPMININ1_1$ 与 $KDPMININ2_1$。用于修正封闭环网，流量及压力计算不稳定等不正常现象，默认值为 0.005，可根据实际需要改写。

b.1、2 号流出管道最小压降设定 $KDPMINTO1_1$ 与 $KDPMINTO2_1$。用于修正封闭环网，流量及压力计算不稳定等不正常现象，默认值为 0.005，可根据实际需要改写。

（2）凝汽器模块。凝汽器模块如图 7-9 所示。

图 7-9 凝汽器模块

此模块一般用于主蒸汽系统低压缸排汽所连接的凝汽器模型，因此需与冷却水侧的模块互相引用，配对使用，在仿真系统中起到冷凝器的作用。

1）常数。

a. 热井体积、凝汽器的体积、热井底部标高及顶部标高。热井体积 $KVW2_2$ 的默认值为 5；凝汽器的体积（包含热井体积）$KVT2_2$ 的默认值为 50，均可根据实际设计值估算；热井顶部标高 $KUPW_2$ 减去热井底部标高 $KLWN_2$ 为热井高度。

b. 凝汽器的上标高、水力直径与横截面积。凝汽器的上标高 $KUPN_2$ 凝汽器顶部距离零势点的高度；凝汽器水力直径 $KDIA_2$ 是指凝汽器换热管直径，默认值为 0.04，也可根据实际设计值填写；凝汽器的横截面积 $KAREA_2$ 的默认值为 0.02，可根据实际填写，同凝汽器水力直径一起用来计算换热管对流换热系数。

c. 凝汽器管壁厚度、换热板污垢系数与表面积。管壁厚度 KTM_2 用来调整管壁金属热惯性，默认值为 0.005，可根据实际填写；凝汽器换热板的污垢系数 $KFOUL_2$ 用来计算污垢热阻，从而计算总换热系数；凝汽器表面积 $WALLSA_2$ 用以计算两相箱体气体的换热量，默认值为 0.1，可根据实际需要估算填写。

d. 凝汽器壁厚、内侧污垢系数、外侧污垢系数与汽体和液体间的换热系数。凝汽器表面积 $WALLSA_2$ 用以计算凝汽器壁温，默认值为 0.08，可根据实际需要估算填写；凝汽器内侧污垢系数 $WALLKX1_2$ 用于计算凝汽器壁内侧的污垢热阻；凝汽器外侧污垢系数 $WALLKX2_2$ 用于计算凝汽器壁外侧的污垢热阻；汽体和液体之间的换热系数 $KINF_2$ 用于计算两相节点蒸汽与水的接触面积，默认值为 12。

e.1、2 号流入管道流通能力 $KADMIN10_2$ 与 $KADMIN20_2$。通过预处理计算而得，计算式为

$$KADM_2 = \frac{G_2^2}{dP_2 \times \rho_2} \tag{7-2}$$

式中　G_2——经过凝汽器的介质流量，kg/s；

　　　ρ_2——经过凝汽器的介质密度，kg/m^3；

　dP_2——凝汽器阻力，MPa。

f. 1、2 号流出管道流通能力 $KADMTO10_2$ 与 $KADMTO20_2$。通过预处理计算而得，同上。

2）修正常数。

a. 1、2 号流入管道最小压降设定 $KDPMININ1_2$ 与 $KDPMININ2_2$。用于修正封闭环网，流量及压力计算不稳定等不正常现象，默认值为 0.005，可根据实际需要改写。

b. 1、2 号流出管道最小压降设定 $KDPMINTO1_2$ 与 $KDPMINTO2_2$。用于修正封闭环网，流量及压力计算不稳定等不正常现象，默认值为 0.005，可根据实际需要改写。

（3）两相箱体模块。两相箱体模块如图 7-10 所示。

此模块一般用于系统中含有汽液/气液两相介质的箱体，包括除氧器、连排扩容器、定排扩容器、疏水箱、疏水扩容器。在仿真系统中，两相箱体模块代替现实核电厂二回路热力系统中的除氧器。

1）常数。

图 7-10　两相箱体模块

a. 箱体类型、两相箱体体积、两相箱体的下标高及上标高。一般情况下，箱体类型 SEL_3 默认值为 0，即两相箱体为立体箱体；若 $SEL_3=1$ 则为卧式圆形截面箱体；两相箱体体积 KVT_3 可根据实际设计参数填写；两相箱体的下标高 $KLWN_3$ 指箱体底部距零势点的高度；两相箱体的上标高 $KUPN_3$ 指箱体顶部距零势点的高度，默认值为 2，可根据实际填写。

b. 两相箱体表面积、壁厚、内侧污垢系数、外侧污垢系数与汽液换热常数。两相箱体的表面积 $WALLKSA_3$ 用以计算两相箱体气体的换热量，默认值为 0.1，可根据实际需要估算填写；两相箱体壁的厚度 $WALLKTH_3$ 用以计算两相箱体壁温，默认值为 0.08，可根据实际需要估算填写；两相箱体内侧污垢系数 $WALLKX1_3$ 用于计算箱体壁内侧的污垢热阻，默认值为 0.001，可根据实际需要改写；两相箱体外侧污垢系数 $WALLKX2_3$ 用于计算箱体壁外侧的污垢热阻，默认值为 0.001，可根据实际需要改写；汽体与液体之间的换热常数 $KINF_3$ 默认值为 12，用于计算两相节点蒸汽与水的接触面积。

c. 1、2 号流入管道流通能力 $KADMIN10_3$、$KADMIN20_3$。通过预处理计算而得，计算式为

$$KADM_3 = \frac{G_3^2}{dP_3 \times \rho_3} \tag{7-3}$$

式中　G_3——经过箱体的介质流量，kg/s；

ρ_3——经过箱体的介质密度，kg/m^3；

dP_3——箱体阻力，MPa。

1、2 号流出管道流通能力 $KADMTO10_3$、$KADMTO20_3$ 通过预处理计算而得，同上。

2）修正常数。

a. 1、2 号流入管道最小压降设定 $KDPMININ1_3$、$KDPMININ2_3$。用于修正封闭环网，流量及压力计算不稳定等不正常现象，默认值为 0.005，可根据实际需要改写。

b. 1、2 号流出管道最小压降设定 $KDPMINTO1_3$、$KDPMINTO2_3$。用于修正封闭环网，流量及压力计算不稳定等不正常现象，默认值为 0.005，可根据实际需要改写。

7.2.2　对流换热器类模块

（1）机理对流换热器管侧（液体/蒸汽）模块。机理对流换热器管侧（液体/蒸汽）模块如图 7-11 所示。

此类换热器模块由一个进口物质流端口、一条管道、一个出口物质流端口、两个信息流端口组成，用于给水加热器和蒸汽发生器被加热介质一侧。常用于代替实际系统中的给水加热器与蒸汽再热器。此对流换热器模块需与其他模块互相引用，配对使用，可互相引用的模块有：

图 7-11　机理对流换热器
管侧（液体）模块

a. 水-水换热。"机理对流换热器管侧（液体）"与"机理对流换热器壳侧（液体）"互相引用。在建模中，常用于高温加热器疏水侧与给水侧换热、低温加热器疏水侧与凝水侧换热、油站换热器油侧与冷却水侧换热。另外，"机理对流换热器管侧（液体）"与"简化对流换热器壳侧（液体）"也可互相引用。

b. 水-蒸汽换热。"机理对流换热器管侧（液体）"与"机理对流换热器壳侧（蒸汽）"互相引用。在建模中，常用于高温加热器进汽侧与给水侧换热、低温加热器进汽侧与凝水侧换热。

c. 水-凝汽器。"机理对流换热器管侧（液体）"与"凝汽器"互相引用。"机理对流换热器管侧（液体）"与"凝汽器流量接口"互相引用。在建模中，常用于凝汽器汽侧与循环水侧配对使用。

d. 水-两相换热器。"机理对流换热器管侧（液体）"与"两相换热器"互相引用。"机理对流换热器管侧（液体）"与"两相换热器流量接口"互相引用。在建模中，常用于高压加热器汽水两相侧与给水侧换热、低压加热器汽水两相侧与凝水侧换热、轴封加热器汽侧与循环冷却水换热、真空泵冷却器汽侧与循环冷却水换热。

e. 蒸汽 - 蒸汽换热。

"机理对流换热器管侧（蒸汽）"与"机理对流换热器壳侧（蒸汽）"互相引用。

1) 常数。

横截面积 $KAREA_4$，默认值为 0.1，可通过预处理计算而得。管子水力直径 $KDIA_4$，根据设计数据填写。横截面积 $KAREA_4$、管子水力直径 $KDIA_4$ 用来计算对流换热系数。换热面积 KSA_4 通过引用壳侧模块，无须填写。换热器污垢系数 $KFOUL_4$，默认值为 0，即默认换热管表面洁净，不考虑污垢对换热的影响，也可根据实际需要填写。

换热器流通能力 $KADM_4$，可根据预处理计算得出。修正系数 $KTSEL_4$，用来修正换热器温度按一定速率变化，默认值为 0，即不对温度进行修正；$KTSEL_4 = 1$ 时，对换热器温度进行修正，并填写设定不同工况下换热器流量 KFM_4，以及各流量对应的换热器温度变化速度 KTC_4。

所需计算预处理参数以及公式如下。

a. 横截面积 $KAREA_4$。如果需要预处理计算出横截面积，则 $TSEL_4 = 1$。然后填写相应的换热数据。根据额定流量、额定流速、出口压力及温度（可得出口密度 $DESNTO_4$）可以计算出横截面积，即

$$KAREA = \frac{G_4}{DENSTO_4 \times VE_4} \tag{7-4}$$

b. 换热面积 KSA_4。根据传热学原理，换热量计算式为

$$Q_4 = K_4 \times A_4 \times \Delta T_4 \tag{7-5}$$

式中　Q_4——换热量，kW；

　　　K_4——换热系数，kW/(m^2 · ℃)；

　　　A_4——换热面积，m^2；

　　ΔT_4——换热温差，℃。

换热量的计算式还有

$$Q_4 = G_4 \times \Delta h_4 \tag{7-6}$$

式中　G_4——经过换热器的介质流量，kg/s；

　　Δh_4——换热器进出口比焓差，kJ/kg。

因此，由以上两式可推出

$$A_4 = \frac{G_4 \times \Delta h_4}{K_4 \times \Delta T_4} \tag{7-7}$$

c. 换热器流通能力 $KADM_4$。根据所填写的流量数据可计算出流通能力 $KADM_4$，填写及计算方法同管路模块，即

$$KADM_4 = \frac{G_4^2}{dP_4 \times \rho_4} \tag{7-8}$$

式中　G_4——经过换热器的介质流量，kg/s；

　　　ρ_4——经过换热器的介质密度，kg/m³；

　　dP_4——换热器阻力，MPa。

2）输入与输出。换热器模块由一个进口物质流端口、一条管道、一个出口物质流端口、两个信息流端口组成。进口与出口物质流端口的相关参数需依靠流网计算，即"输入"一栏中的参数。此时，"输入"指由流网计算出的输入给换热器模块的变量值。

"输出"指换热器模块计算出的输出给流网的值。包括支路换热量 DH_4 及支路流通能力 $KADM_4$，这些是流网计算所需要的参数。其中换热量 DH_4 的公式为

$$DH_4 = QHL_4 + QHG_4$$

式中　QHL_4——液体换热量；

　　QHG_4——气体换热量，计算公式将在后续说明。

3）管侧。

a. 换热管壁温 $TEHTS_4$。通过与壳侧换热器模块互相引用，换热器管壁温 $TEHTS_4$ 等于壳侧计算出的管壁温度。

b. 换热器换热系数。流过换热器管侧的介质可以是水、蒸汽或气体，因此在计算管侧换热系数时，要计算气体（包括蒸汽）换热系数 GXP_4 以及液体换热系数 LXP_4。

计算式为

$$GXP_4 = \frac{1}{R_{g4}} \tag{7-9}$$

$$LXP_4 = \frac{1}{R_{L4}} \tag{7-10}$$

式中　R_{g4}——为气体总热阻；

　　R_{L4}——为液体总热阻。

一般来说，总热阻主要包含三部分，即

$$R_4 = \frac{1}{\alpha_4} + \frac{KTH_4}{\lambda_4} + KFOUL_4 \tag{7-11}$$

（a）对流换热热阻$\frac{1}{\alpha_4}$。可根据流量及横截面积（由此可计算出流速）、出口温度、水力直径，计算出对流换热系数，从而计算出对流热阻。

（b）介质导热热阻$\frac{KTH_4}{\lambda_4}$。介质本身的导热热阻，以考虑介质不流动时的换热。

（c）污垢热阻$KFOUL_4$。根据污垢系数计算出污垢热阻。

c. 气体热流密度 QGP_4、液体热流密度 QLP_4。

热流密度计算式为

$$q_4 = K_4 \times \Delta T_4 \qquad\qquad (7\text{-}12)$$

当管侧含有气体（包括蒸汽）时

$$QGP_4 = -GXP_4 \times (TEHTS_4 - TE_{g4}) \qquad\qquad (7\text{-}13)$$

当管侧含有液体时

$$QLP_4 = -LXP_4 \times (TEHTS_4 - TE_{L4}) \qquad\qquad (7\text{-}14)$$

d. 气体换热量 QHG_4、液体热流密度 QHL_4。

当管侧含有气体（包括蒸汽）时

$$QHG_4 = KSA_4 \times GXP_4 \times (TEHTS_4 - TE_{g4}) \qquad\qquad (7\text{-}15)$$

当管侧含有液体时

$$QHL_4 = KSA_4 \times LXP_4 \times (TEHTS_4 - TE_{L4}) \qquad\qquad (7\text{-}16)$$

上述五个公式中，TE_{g4} 和 TE_{L4} 分别为管中气体（蒸汽）与液体的进口温度。如果，管内介质为气体（包括蒸汽），则计算出的为气体参数；如果是液体，则计算出的是液体参数。

e. 换热器温度变化速率 $DTAC_4$。

当修正换热温度变化速率，即 $KTSEL_4 = 1$ 时，$DTAC_4$ 通过线性插值计算而得。若不进行修正，则 $DTAC_4 = 400$。

（2）机理对流换热器壳侧（蒸汽）模块。机理对流换热器壳侧（蒸汽）模块如图 7-12 所示。

图 7-12 机理对流换热器壳侧（蒸汽）模块

此类换热器模块用于给水加热器和蒸汽再热器的加热介质一侧，由一个进口物质流端口、一条管道、一个出口物质流端口组成，互相引用，配对使用，可互相引用的模块有：

a. 蒸汽-蒸汽。

"机理对流换热器壳侧（蒸汽）"与"机理对流换热器管侧（蒸汽）"互相引用。

b. 蒸汽-水。

"机理对流换热器壳侧（蒸汽）"与"机理对流换热器管侧（液体）"互相引用。

由于需要与机理对流换热器管侧（液体/蒸汽）模块相互调用，且模块相似度高，下面仅介绍换热器管壁温度 $TEHTS_5$。

换热管管壁温度 $TEHTS_5$ 计算式为

$$TEHTS_{i+1} = TEHTS_i + \frac{q_{s5} + q_{p5} + q_{A5}}{3399.967\, \delta_5/\Delta\tau} \qquad (7-17)$$

式中　q_{s5}——壳侧热流密度，$kW/(m^2 \cdot {}^\circ\!C)$；

$\quad\quad q_{p5}$——管侧热流密度，$kW/(m^2 \cdot {}^\circ\!C)$；

$\quad\quad q_{A5}$——换热器对环境换热热流密度，$kW/(m^2 \cdot {}^\circ\!C)$；

$\quad\quad \delta_5$——换热管厚度，m；

$\quad\quad \Delta\tau$——计算步长，s。

7.2.3　阀件类模块

（1）调节门模块。介质为蒸汽的调节门模块如图 7-13 所示。

调节门模型，用于控制管路流量，流过阀门的介质是蒸汽、水或空气。对于调节阀而言，流量系数是其最重要的参数之一，本模型采用的流量系数计算方法是膨胀系数法，比其他计算方法显得稍复杂些，引入了 7 个参数。其中物理参数 3 个：k_6、P_{c6}、T_{c6}；查阅参数一个：Z_6；计算参数 3 个：X_{T6}、F_{K6}、y_6。

图 7-13　调节门（蒸汽）模块

由于这种方法引入了 X_{T6} 而考虑了压力恢复，计算精度一般比平均密度修正法高些，尤其对阀的高压力的恢复更为显著。由于引入了气体压缩系数 Z_6，修正了实际气体与理想气体的偏离，提高了气体流量系数的计算精度。因此，膨胀系数法被 IEC（国际电工委员会）作为标准而推荐使用。膨胀系数法计算阀门的开度 K_{v6} 值见表 7-1。

表 7-1　　　　　　　　　膨胀系数法计算阀门的开度 K_{v6} 值

介质	流动状态	计算公式	符号及单位
液体	一般	$K_{V6} = 10 q_{VL6} \sqrt{\dfrac{\rho_{L6}}{\Delta p_6}}$　(7-23)　　$K_{V6} = \dfrac{q_{mL6}}{100 \sqrt{\Delta p_6 \rho_{L6}}}$　(7-24)	q_{VL6}——液体体积流量，m^3/h； q_{mL6}——液体质量流量，kg/h； ρ_{L6}——阀门入口蒸汽密度，g/cm^3； Δp_6——阀门进出口压差，kPa； Δp_{T6}——阀门进出口局部真实压差，kPa； p_{i6}——阀门入口绝对压力，kPa； T_{i6}——阀门入口温度，K； ρ_{i6}——阀门入口密度，kg/m^3； q_{VN6}——气体标准状态体积流量，m^3/h； ρ_{N6}——气体标准状态密度，g/cm^3；
	闪蒸及空化 $\Delta p_6 \geqslant \Delta p_{T6}$　(7-18)	$K_{V6} = 10 q_{VL6} \sqrt{\dfrac{\rho_{L6}}{\Delta p_{T6}}}$　(7-25)　　$\Delta p_{T6} = F_L^2 (p_1 - F_{F6} p_{V6})$　(7-26)	

续表

介质	流动状态	计算公式	符号及单位
气体	非阻塞流 $X=\dfrac{\Delta p}{p_1}<F_{K6}X_{T6}$ (7-19)	$K_{V6}=\dfrac{q_{VN6}}{5.19\,P_{i6}y_6}\sqrt{\dfrac{T_{l6}\rho_{N6}Z_6}{X_6}}$ (7-27) $K_{V6}=\dfrac{q_{VN6}}{24.6\,p_{i6}y_6}\sqrt{\dfrac{T_{l6}M_6Z_6}{X_6}}$ (7-28)	F_{L6}——压力恢复系数; F_{F6}——临界压力比系数; $F_{F6}=0.96-0.28\sqrt{\dfrac{p_{V6}}{p_{C6}}}$ (7-35) M_6——气体或蒸汽的摩尔质量,g/mol;
气体	阻塞流 $X=\dfrac{\Delta p}{p_1}\geqslant F_{K6}X_{T6}$ (7-20)	$K_{V6}=\dfrac{q_{VN6}}{2.9\,p_{i6}y_6}\sqrt{\dfrac{T_{l6}\rho_{N6}Z_6}{k\,X_{T6}}}$ (7-29) $K_{V6}=\dfrac{q_{VN6}}{13.9\,p_{i6}y_6}\sqrt{\dfrac{T_{l6}M_6Z_6}{k\,X_{T6}}}$ (7-30)	p_{V6}——液体饱和蒸汽压力,kPa; p_{C6}——液体临界压力,kPa; G_{S6}——蒸汽流量,kg/h; X_6——压差比,$X_6=\Delta p_6/p_1$; Z_0——压缩因数(由比压力 p_1/p_C 和比温度 T_1/T_C 查表而得,p_C 为临界压力,T_C 为临界温度);
蒸汽	非阻塞流 $X=\dfrac{\Delta p}{p_1}<F_{K6}X_{T6}$ (7-21)	$K_{V6}=\dfrac{G_{S6}}{3.16\,y_6}\sqrt{\dfrac{1}{\Delta p_6\rho_{i6}}}$ (7-31) $K_{V6}=\dfrac{G_{S6}}{1.1\,p_{i6}y_6}\sqrt{\dfrac{T_{l6}Z_6}{X_6M_6}}$ (7-32)	F_{k6}——比热容系数; $F_{k6}=k_6/1.4$ (7-36) k_6——绝热系数; X_{T6}——临界压差比系数; y_6——膨胀系数;
蒸汽	阻塞流 $X=\dfrac{\Delta p}{p_1}\geqslant F_{K6}X_{T6}$ (7-22)	$K_{V6}=\dfrac{G_{S6}}{1.78}\sqrt{\dfrac{1}{k\,X_{T6}p_{i6}\rho_{i6}}}$ (7-33) $K_{V6}=\dfrac{G_{S6}}{0.62\,P_1}\sqrt{\dfrac{T_{l6}Z_6}{k\,X_{T6}M_6}}$ (7-34)	$y_6=1-\dfrac{X_6}{3\,F_{K6}X_{T6}}$ (7-37)

1)常数。调节阀模型中,在建模时需要填写的常数:

阀门流通能力 $KADM_6$:其物理意义等同于阀门流量系数,可直接根据额定工况下的参数进行预处理计算得到,也可以直接根据经验填写。

当介质为蒸汽时,需要考虑过热蒸汽等熵指数 $K_6=1.3$,从而计算出比热容系数 F_{K6},以判断阀门是否处于阻塞流状态,并计算出阀门流通能力的一个重要参数——膨胀系数 y_6。

一般来说,默认阀门临界压差比 $XT_6=0.78$。

阀门类型 SEL_6:模型中默认为 $SEL_6=1$,即等百分比特性。也可选择其他特性,或者根据实际阀门特性进行自定义,即 $SEL_6=6$。若 $SEL_6=6$,则可以根据实际情况定义阀门开度 $KVP0$ (21)$_6$ 及其对应的流量百分比 $KCHT$ (21)$_6$。

逆止流动信号 CN_6:默认 $CN_6=0$,即阀门没有逆止功能;若 $CN_6=1$,此时阀门具有逆止功能。因此,在建模时,可以省略逆止门模块,以减少节点个数。

阀门关闭时漏流开度 $KVPL_6$:即考虑实际系统中,阀门不能关死而导致的漏流现象,可根据实际需要填写；默认值为 0，即不考虑漏流。

阀门常数流通能力 $KADM_6$ 的计算式为

$$KADM_6 = \frac{G_6^2}{dp_6 \times \rho_6} \tag{7-38}$$

式中　G_6——阀门的质量流量，kg/s；

　　　ρ_6——阀门的入口密度，kg/m^3；

　　dp_6——阀门进出口压差，MPa。

若实际系统中所用到的阀门，不具有调节门，预处理时所用到的参数一般用额定工况下的参数；若是调节门，则预处理时所用参数一般是最大工况下的参数（其开度一般不会用到 100%）。

$SEL_6 = 0$ 时，入口密度根据所填写的入口压力和温度计算所得；$SEL_6 = 1$ 时，可手动直接填写密度值，不需要再填写压力温度来计算。

2）输入与输出。输入指由流网计算输入给阀门的变量值，包括：进出口压力、温度、密度以及流量。其中温度，是为了计算阀门入口温度下对应的饱和蒸汽压力，以计算阀门临界压差，判断其是否处于阻塞流状态。

输出指由阀门计算输出给流网的变量值，包括阀门流通能力 $KADM_6$、逆止流动信号 CN_6。阀门流通能力 $KADM_6$，同管路一样，是根据输入值和常数，对 $KADM_6$ 进行相应的修正后的计算值。

3）驱动。驱动指驱动机构传给阀门的开度指令。

4）中间变量。阀门真实开度 VPF_6，指阀门当前开度下各开度对应的流量百分比。

阀门工作特性 $\text{SCHT}(12)_6$，指常数中所填阀门特性下对应的流量百分比。

阀门阻塞流判断 CRI_6：根据进出口压力、温度、压力恢复系数计算得出临界压差，同阀门实际进出口压差进行对比。若阀门实际压差小于临界压差，则阀门处于非阻塞流状态，$CRI_6 = 0$；反之，则为阻塞流状态，$CRI_6 = 1$。

（2）水逆止阀模块。水逆止阀模块如图 7-14 所示。

水逆止阀模型中，流过阀门的介质既可以是水，也可以是蒸汽、空气。逆止阀进口压力大于出口压力时，阀门自动全开；反之则全关。它不具有调节能力，只有全开、全关两种状态。

图 7-14　水逆止阀模块

1）常数。在建模时需要填写的常数：阀门流通能力 $KADM_7$。

$$KADM_7 = \frac{G_7^2}{dp_7 \times \rho_7} \tag{7-39}$$

式中　G_7——阀门的质量流量，kg/s；

ρ_7——阀门的入口密度，kg/m^3；

dp_7——阀门进出口压差，MPa。

阀门流通能力 $KADM_7$，同管路一样，是根据输入值和常数，对 $KADM_7$ 进行相应的修正后的计算值。$SEL_7=0$ 时，入口密度根据所填写的入口压力和温度计算所得；$SEL_7=1$ 时，可手动直接填写密度值，不需要再填写压力温度来计算。

2）输入与输出。此处，输入指计算出的由流网输入给阀门的变量值，包括：进出口压力、密度以及流量；输出指计算出的由阀门输出给流网的变量值，包括阀门流通能力、逆止流动信号。阀门开度只有全开或全关，即全开 $VP_7=1$，全关 $VP_7=0$。

7.2.4 汽轮机类模块

汽轮机模块如图 7-15 所示。

图 7-15 汽轮机类模块

（a）汽轮机模块；（b）汽轮机（连接凝汽器）模块

上述两种汽轮机模块在实际工程中起能量转化的作用。

1）常数。SEL_8 一般默认为 0；若 $SEL_8=1$，则表示汽轮机模块与蒸汽模块中的"网络流出边界"模块互相引用，一般用于汽轮机调节级建模。若用于低压缸最后一级建模，则 $SEL_8=1$，此时计算出的汽轮机出口压力和密度等于凝汽器的压力和气体密度。

汽轮机流通能力 $KADM_8$，功率系数 $KTURB1_8$，功率限制系数 $KTURB2_8$，可通过预处理得出。汽轮机额定转速 FSP_8，默认值 3000，可根据设计数据填写。

设计工况流量 KG_8，效率随流量变化系数 KWC_8，是为了考虑流量变化时对效率的影响；$KLOSS_8$ 是为了考虑汽轮机对内缸壁的散热量（注意此处单位是 kW/℃，即此传热系数包含了换热面积），默认值为 0。模型中所填默认值不考虑这些因素，也可根据实际需要改写相应的值。逆止流动信号 CN_8，防止介质倒流，默认值为 1。效率随流量变化系数 KGC $(10)_8$，即可根据实际需要填写各流量对应的效率。默认值为 1。

a. 汽轮机功率系数、汽轮机功率限制系数、汽轮机流通能力。

（a）汽轮机功率系数 $KTURB1_8$

$$KTURB1_8 = \frac{\rho_8 \times \Delta H_8}{\Delta p_8} \qquad (7-40)$$

式中　$\rho_8 = \text{DENSIN}_8$；

$\Delta H_8 = HIN_8 - HTO_8$；

$\Delta p_8 = PIN_8 - PTO_8$。

（b）汽轮机功率限制系数 $KTURB2_8$。

$$KTURb2_8 = \frac{\Delta H_{sat8}}{H_8} \qquad (7-41)$$

式中　$\Delta H_{sat8} = HIN_8 - 0.3 \times HFSAT_8 - 0.7 \times HSSAT_8$；

$H_8 = HIN_8$；

$HFSAT_8$——对应进汽压力下饱和水焓值；

$HSSAT_8$——对应比熵下的饱和蒸汽焓值。

（c）汽轮机流通能力 $KADM_8$。

$$KADM_8 = \frac{G_8^2}{dP_8 \times \rho_8} \qquad (7-42)$$

式中　G_8——汽轮机质量流量，kg/s；

ρ_8——汽轮机入口密度，kg/m^3；

dp_8——汽轮机进出口压差，MPa。

b. 汽轮机入口参数。

（a）入口压力、入口比焓、入口密度。入口压力等于输入项中进口压力，即 $PTRBIN_8 = PIN_8$；入口比焓等于输入项中进口比焓，即 $HTRBIN_8 = HIN_8$；入口密度等于输入项中进口密度，即 $DENSTRBIN_8 = DENSIN_8$。

（b）汽轮机入口流量、汽轮机出口压力、出口密度。汽轮机入口流量等于汽轮机进汽流量 G_8。

若"汽轮机"模块与"网络流出边界"模块相互引用，则汽轮机出口压力 $PTRBTO_8$ 和密度 $DENSTRBTO_8$ 等于网络流出边界出口的压力 $PATO_8$ 和密度 $DENSATO_8$，即

$$PTRBTO_8 = PATO_8 \qquad (7-43)$$

$$DENSTRBTO_8 = DENSATO_8 \qquad (7-44)$$

若不引用，汽轮机出口压力 $PTRBTO_8$ 和密度 $DENSTRBTO_8$ 等于与汽轮机实际排汽压力 PTO_8 和密度 $DENSATO_8$，即

$$PTRBTO_8 = PTO_8 \qquad (7-45)$$

$$DENSTRBTO_8 = DENSTO_8 \qquad (7-46)$$

c. 汽轮机输出轴功率 WT_8。汽轮机输出功率 WT_8 计算式为

$$WT_8 = WT_{08} \times \eta_8 - WBD_8 \qquad (7-47)$$

式中　WT_{08}——理想状态下的轴功率；

η_8——做功效率修正系数；

WBD_8——鼓风摩擦瞬时功率。

根据汽轮机进汽流量 $GTRB_8$，同 KG_8 和 KGC$(10)_8$ 经过线性插值计算而得。

d. 内缸壁温 $TEIC_8$、对内缸壁传热量 $QLOSS_8$。内缸壁温 $TEIC_8$ 可通过汽轮机信息流端口输入，模型中默认值为 20；对内缸壁传热量 $QLOSS_8$ 的计算式为

$$QLOSS_8 = KLOSS_8 \times (TETO_8 - TEIC_8) \tag{7-48}$$

其中，传热系数 $KLOSS_8$ 可根据实际流入汽轮机流量 $GTRB_8$、常数中的设计工况流量 KG_8、对内缸壁传热系数 KLOSS$(10)_8$ 通过插值计算得出，$TETO_8$ 为汽轮机仿真排汽温度。

e. 排汽参数（对直接连接凝汽器的专用汽轮机模块）。

汽轮机输出排汽温度 TEC_8 与输出排汽压力 PTC_8。

根据汽轮机仿真排汽压力 PTO_8，通过水蒸气表得出排汽压力对应的饱和蒸汽的比焓 H_{sat8}、温度 TE_{sat8}。若排汽比焓大于饱和蒸汽比焓，即 $HTO_8 > H_{sat8}$，则

$$TEC_8 = \min(TETO_8, TE_{xit8}) \tag{7-49}$$

若排汽比焓不大于饱和蒸汽比焓，即 $HTO_8 \leqslant H_{sat8}$，则：$TEC_8 = TETO_8$，汽轮机输出排汽压力 PTC_8 为

$$PTC_8 = PTO_8 - 0.95 \times (PTO_8 - PATO_8) \tag{7-50}$$

2）输入与输出。此处，输入指由流网计算出传递给汽轮机模型的变量值；输出指汽轮机模型计算出传递给流网变量的值，包括汽轮机去网络流通能力 $KADM_8$、支路换热量 DH_8、逆止流动信号 CN_8。

其中，传热系数 KLOSS，根据实际流入汽轮机流量 GTRB、常数中的设计工况流量 KG0、对内缸壁传热系数 KLOSS（10）通过插值计算得出。

7.2.5 其他模块

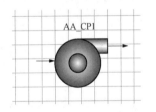

图 7-16 离心式水泵模块

（1）离心式水泵模块。离心式水泵模块如图 7-16 所示。

离心式水泵模块用于提高给水、冷凝器冷却水和抽真空用水的压力。

1）常数。"离心式水泵"模型中，在建模时需要填写的常数如下：

离心泵流通能力 $KAMD_9$ 及其封闭扬程 KHB_9 可通过预处理计算得出。流动效率 KCO-EFF$_9$ 默认为 1，也可根据实际填写。默认 $SEL_9 = 0$，即不对泵工作特性进行修正，在需要时选择 $SEL_9 = 1$，对泵特性进行修正，修正后对应的转速为 KNSP0$(11)_9$。

启动时间 KUPTIME$_9$ 默认值为 0.1s，可根据实际需要进行修改。停止时间 KDOWN-TIME$_9$ 默认值为 1s，可根据实际需要进行修改。气蚀系数 KRDU$_9$ 默认为 0，即正常工作时不考虑泵发生汽蚀的情况，在进行故障测试时，需填写 0~1 之间的一个数，以设置汽蚀程

度。泵汽蚀时扬程波动系数 $KRND_9$ 默认为 0，即不发生气蚀，在进行故障测试时，需填写 0~1 之间的一个数，以根据需要，设置发生气蚀的泵的扬程波动程度。额定流量 G_9，根据泵的设计数据填写。倒流做功调整系数 KEF_9，用于计算倒流时泵的功率，可根据需要填写 0~1 之间的数。转动惯量 $KPGEN_9$，用于计算转速，默认值为 100，可根据实际情况改写。额定转速 KSP_9，用于转速计算，以限制转速使其不超过正常范围，默认值为 3000，可根据实际设计数据填写。额定转速摩擦功率 KPM_9，用于计算其他转速下的摩擦功率，从而计算泵转速，默认值为 1，可根据实际需要填写。

a. 封闭扬程 KHB_9。泵的封闭扬程，根据泵的额定扬程，水力效率计算所得，即

$$KHB_9 = \frac{KHD_9}{KCOEFF_9} \tag{7-51}$$

其中水力效率 $KCOEFF_9$ 默认为 0.85，额定扬程 KHD_9 也根据实际填写。

b. 流通能力 $KADM_9$。泵常数流通能力 $KADM_9$ 计算式为

$$KADM_9 = \frac{G_9^2}{dP_9 \times \rho_9} \tag{7-52}$$

式中　G_9——泵的流量，kg/s；

　　　ρ_9——泵的入口密度，kg/m³；

　　　dP_9——泵自身阻力，MPa。

其中，$dP_9 = KHB_9 - KHD_9$，即泵封闭扬程与额定扬程之差为泵自身的阻力。$SEL_9 = 0$ 时，入口密度根据所填写的入口压力和温度计算所得；$SEL_9 = 1$ 时，可手动直接填写密度值，不需要再填写压力温度来计算。若泵的转速不可调，只有启停两种状态，预处理时所用到的参数一般用额定工况下的参数；若是泵的转速可调节，则预处理时所用参数一般是最大工况下的参数。

2）输入、输出与驱动。此处，输入指由流网计算出传递给离心泵模型的变量值，包括进出口压力、密度以及流量；输出，指离心泵模型计算出传递给流网的变量值，包括离心泵去网络流通能力、离心泵工作扬程；马达状态，若马达启动，则 $ST_9 = 1$，反之，$ST_9 = 0$。输入转速，指驱动机构传给泵的转速指令。

（2）滤网（液体）模块。滤网（液体）模块如图 7-17 所示。

滤网在实际工程中用于过滤给水中的杂质，保证系统正常运行。

1）常数。滤网模型中，在建模时需要填写的常数如下：

管道流通能力 $KADM_{10}$，是管路的固有特性，与管内介质类型无关。默认值为 0.1，可根据额定工况下的参数进

图 7-17　滤网（液体）模块

行预处理计算而得，也可以根据经验直接填写；滤网堵塞时间常数 $KTIME_{10}$，用于故障状态时设置，默认值为10，可根据需要设置滤网堵塞时间；滤网差压高报警值 KHP_{10}，用于设置滤网差压报警值，默认值为10，可根据需要设置滤网堵塞时间。

流通能力 $KADM_{10}$ 的定义为

$$KADM_{10} = \frac{G_{10}^2}{dp_{10} \times \rho_{10}} \tag{7-53}$$

式中 G_{10}——管路质量流量，kg/s；

  ρ_{10}——管路入口密度，kg/m^3；

  dp_{10}——管路进出口压差，MPa。

其中，压差 $dp_{10} = p_{in10} - p_{to10}$，根据进出口压力计算而得。因此，在预处理只需要填写进口压力、进出口压差合适即可，不需要填写出口压力。另外，入口密度有两种填写方式，$SEL_{10}=0$ 时，可根据进口温度、进口压力，自动求解入口密度；若 $SEL_{10}=1$ 时，密度可以直接填写，无需根据进口温度压力来计算。

2）输入与输出。输入，是针对滤网而言，指流网计算出的变量值输入给滤网模型，包括流量、进出口压力及密度，从而计算出输出值；输出，是指滤网模型计算出的流通能力输出给流网。

（3）汽水分离器模块。汽水分离器模块如图 7-18 所示。

图 7-18 汽水分离器模块

在核电厂二回路仿真系统模型中，作为汽水分离器使用。

a. 汽水分离器形状、体积、标高、表面积、厚度、污垢系数与换热系数。

汽水分离器形状 $SEL_{11}=0$ 时，为立式箱体，$SEL_{11}=1$ 时，为卧式圆形截面箱体；汽水分离器体积 KVD_{11} 默认值为 10m^3；汽水分离器的下标高 $KLWN_{11}$ 是指汽水分离器底部距离零势点的高度；汽水分离器的上标高 $KUPN_{11}$ 是指汽水分离器顶部距离零势点的高度；汽水分离器的表面积 $WALLSA_{11}$ 用以计算汽水分离器的换热量，默认值为 0.1m^2；汽水分离器壁的厚度 $WALLKTH_{11}$ 用以计算汽水分离器壁温，默认值为 0.08；汽体与液体之间的换热系数 $KINF_{11}$ 用于计算两相节点蒸汽与水的接触面积，默认值为 12。上述常数需要根据实际数据填写。

b. 两相间转换系数。湿态转干态过程中加速水蒸发系数 $KABOIL$，用于加速湿态转干态过程中水蒸发的速度，尽快产生蒸汽，默认值为 5；干态转湿态过程中加速蒸汽凝结系数 $KACOND$ 用于加速干态转湿态过程中蒸汽凝结的速度，尽快产生水，默认值为 1。同样，上述常数需要根据实际数据填写。

c. 1、2 号流入管道流通能力。通过预处理计算而得，计算式为

$$KADM_{11} = \frac{G_{11}^2}{dp_{11} \times \rho_{11}} \qquad (7\text{-}54)$$

式中　G_{11}——汽水分离器质量流量，kg/s；

ρ_{11}——汽水分离器入口密度，kg/m³；

dp_{11}——汽水分离器进出口压差，MPa。

电力生产过程虚拟仿真技术丛书

压水堆核电厂
虚拟仿真技术与实验
Pressurized Water Reactor Nuclear Power Plant
Virtual Simulation Technology and Experiments

第八章

核电厂二回路操作实验

8.1 二回路启动至最低负荷

8.1.1 一回路充水，RCP 升温至 177℃，投入 SG

（1）一回路充水，RCP 升温至 50～70℃。由化学和容积系统（RCP）充水，来自补水系统的除盐水注入一回路，充水的同时系统进行排气，通过调节余热排出系统（RRA）的流量，调节温度升高的速度，将温度调到 50～70℃。

1）反应堆一回路系统充水排气。

a. 打开反应堆一回路系统画面，如图 8-1 和图 8-2 所示。

图 8-1　900MW 核电仿真系统主菜单界面

b. 在参数整定值一栏，设定稳压器水位整定值为 34%（约 1.36m），如图 8-3 所示。

c. 打开化容系统中容控箱进、出口电动阀，如图 8-4 所示。

d. 打开 1 号上充泵前、后手动门，如图 8-5 所示。

图 8-2　反应堆一回路系统界面

图 8-3　稳压器水位整定值设置界面

图 8-4　化容系统容控箱出、入口电动阀控制界面

图 8-5（a）　1 号上充泵后手动门控制界面

图 8-5（b） 1 号上充泵前手动门控制界面

e. 打开充水调节阀，投自动，如图 8-6 所示。

图 8-6 充水调节阀控制界面

f. 启动 1 号上充泵，开始充水，如图 8-7 所示。

注：稳压器水位波动范围 20%～60% 均属正常。

2）蒸发器二次侧上水。

a. 设定蒸发器水位整定值为 34%，如图 8-8 所示。

图 8-7 1 号上充泵控制界面

图 8-8 蒸汽发生器水位整定值设置界面

b. 打开给水系统画面, 如图 8-9 所示。

c. 打开辅给水箱补水门, 如图 8-10 所示。

图 8-9　给水系统界面

图 8-10　辅给水箱补水门控制界面

d. 打开辅给水泵前后电动门，如图 8-11 所示。

e. 打开至 1、2、3 号蒸发器的辅给水调节阀，并投自动，如图 8-12 所示。

f. 启动辅给水泵，蒸发器自动上水至 34%，如图 8-13 所示。

图 8-11　辅给水泵前、后电动门控制界面

图 8-12　辅给水调节阀控制界面

图 8-13　辅给水泵控制界面

3）投入 RRA（余热排出系统）。

a. 打开余热排出调节阀，开度开至 30％，如图 8-14 所示。

b. 启动余热排出泵，如图 8-15 所示。

4）在参数整定值一栏，设定稳压器压力整定值为 2.5MPa，图 8-16 所示。

5）启动 1 号主泵，如图 8-17 所示。

6）稳压器加热升温。

a. 稳压器电加热器，投自动，如图 8-18 所示。

b. 打开下泄气动阀，下泄隔离阀（此处应该开 3 组，方便起见只写一组），如图 8-19 所示。

c. 打开下泄调节阀，投自动，如图 8-20 所示。

d. 将稳压器压力稳定在 2.5MPa，如图 8-21 所示。

图 8-14　余热排出调节阀控制界面

图 8-15　余热排出泵控制界面

图 8-16　稳压器压力整定值设置界面

图 8-17　1号主泵控制界面

图 8-18　稳压器电加热器控制界面

图 8-19　下泄气动阀与下泄隔离阀控制界面

图 8-20　下泄调节阀控制界面

7）调节 RCP 温升速率，将 RCP 温度升至 50～70℃。

手动改变余热排出调节阀的开度，调节流过 RRA 的冷却剂流量，从而调节温升速度。

注：若要加快温升速度，将下泄调阀关小，也可关至 0 开度。

（2）RCP 继续升温至 177℃。

图 8-21　稳压器

1）温度升至 50～70℃时，启动 2、3 号主泵。

a. 启动 2、3 号主泵继续升温升压，操作与启动 1 号主泵一致，这里不再赘述。

b. 改变 RRA 调门开度，调节流过 RRA 的冷却剂流量，调节温升速度。

c. 最终 RCP 升温至 120℃（若要加快温升速度，将调门开度关至 0）。

2）升温至 120℃时。

a. 设定 RCP 压力整定值为 2.9MPa（操作步骤与之前"设定稳压器压力整定值为 2.5MPa"步骤一致，不再赘述），一回路与稳压器开始分别升温。

b. 稳压器加速升温至出现汽腔；稳压器压力由下泄调门和加热器控制，水位由上充调节，继续由主泵及电加热器加热升温。

3）升温至 177℃时。

a. 打开 GCT_A 1、2、3 号主汽支路至辅蒸汽隔离阀，排汽至辅蒸汽系统。打开 SG 排污调节阀，并投自动，如图 8-22 和图 8-23 所示（此处只介绍其中一组，其余两组与之相同）。

图 8-22 主汽支路至辅蒸汽隔离阀控制界面

图 8-23 蒸汽发生器排污调节阀控制界面

b. 设定排空压力为 SG 当前值，约 0.75MPa，如图 8-24 所示。

c. 打开 1、2、3 号 GCT_A 排空调节阀，并投自动，以维持 RCP 温度在 180℃以内，如图 8-25 所示。

图 8-24　排空压力整定值设置界面

图 8-25　排空调节阀控制界面

d. 隔离 RRA（余热排出系统），如图 8-26 所示。

e. 及时提升一回路压力，设定稳压器压力整定值：2.9～3.5MPA（此处步骤不再赘述）。

图 8-26　余热排出系统

注：升压速度不宜过快，注意 SG 水位及稳压器水位，以及 RCP 温度。

8.1.2　一回路继续升温升压至热停堆 15.5MPa，291.4℃

（1）GCT_A 整定值设定为 7.5MPa（此处步骤与之前"设定排空压力为 SG 当前值，约 0.75MPa"步骤基本相同，不再赘述）。

（2）继续增大稳压器压力整定值：3.5—4.5—5.5、……、—15.5MPa（此步骤不再赘述）；操作此步骤时，需注意以下几点：

1）通过主泵继续升温。

2）适时增大稳压器压力整定值。

3）每次待稳压器水位稳定后，为 30%～40%。

4）压力整定值每次增加 0.5～1.0MPa，以使 RCP 逐渐升温升压。

5）使主系统（压力、温度）保持在运行 P-T 图范围内。

（3）压力升至 8.5MPa 时，隔离一个下泄孔板（关一组下泄气动隔离阀即可）。

（4）RCP 压力至 15.5MPa 时，隔离另一个下泄孔板，下泄流量减小至 7.5kg/s 以下，稳压器压力控制处于自动。

（5）主泵继续加热至约 294℃。

8.1.3　反应堆至热备用状态

热备用状态是从冷堆状态开始用主泵和稳压器电加热器的加热，或者从反应堆热停闭状态而获得。其特征如下：反应堆处于临界状态，输出功率小于 $2\%P_n$，这个功率由堆外中间量程测量通道监测。

a. 一回路冷却剂平均温度 T_{av} 调节到接近于反应堆空载下温度值 291.4℃。

b. 稳压器内压力等于其整定值，处于自动压力调节状态（15.3MPa＜p＜15.5MPa 表压）。

c. 稳压器内水位等于其整定值，处于自动调节状态。

d. 用小流量调节阀维持蒸汽发生器内水位在空载下按程序计算所得数值上。

e. 至少有两台主泵在运行，在升功率时，三台主泵都投入运行。

f. 控制棒组停堆棒组处于完全抽出位置，调节棒组处于手动操作状态，并被保持于低插入限值，使反应堆具有在紧急停堆情况下所要求的负反应性裕度。

g. 二回路已进行暖管，汽轮机在盘车，给水设备投入运行，蒸汽发生器疏水处于最大值（51t/h）。

操作步骤如下：

（1）除氧器上水，投辅汽加热。

a. 冷凝器水位设定值为 0.1m（NQQ＿LV＿SET＝0.1），补水调门投自动，如图 8-27、图 8-28 所示。

图 8-27　冷凝器水位整定值设置界面

b. 启动 1、2 号凝水泵，调速手动开至 50％（两组凝水泵相同，只用一组叙述），再循环开至 50％，如图 8-29 所示。

c. 除氧器水位设定值为 1.0m（CYQ＿LV＿SET＝1.0），打开除氧器启动排气门，打开低加水侧各截止门，除氧器水位调节阀投自动，效果如图 8-30、图 8-31 所示。

图 8-28　冷凝器补水门调节阀控制界面

图 8-29（a）　凝水泵进、出口隔离阀控制界面

图 8 - 29（b）　凝水泵控制界面

图 8 - 29（c）　冷凝器再循环阀控制界面

　　d. 除氧器辅汽加热供汽调门投自动，如图 8 - 32 所示。

　　e. 凝水再循环调节阀逐步关小，最小至 10%（每次减少 2% 即可），如图 8 - 33 所示。

图 8-30　除氧器

图 8-31　凝水系统

图 8-32 除氧器辅汽加热供汽调门控制界面

图 8-33 凝水再循环阀控制界面

f. 除氧器压力加热至 0.15MPa，关闭启动排气门，如图 8-34 所示。

（2）SG 供水由辅给水 ASG 切至主给水旁路 ARE。

1）启动电动给水泵。

图 8-34　除氧器启动排气阀控制界面

　　a. 打开给水再循环阀至 70%，如图 8-35 所示。

图 8-35　给水再循环阀控制界面

b. 打开电动给水支路各隔离阀，如图 8 - 36 所示。

图 8 - 36　电动给水隔离阀控制界面

c. 启动前置泵，如图 8 - 37 所示。

图 8 - 37　电动给水前置泵控制界面

d. 启动电动给水泵，将调速手动开至 85% ，如图 8 - 38 所示。

2）旁路调节阀投自动。

a. 打开高加前后隔离门。

图 8-38　电动给水泵调速设置界面

b. 打开各旁路调节阀前后隔离门。

c. 1、2、3 号旁路调节阀投自动。

效果如图 8-39 所示。

图 8-39　给水系统

3）ASG 切 ARE。

a. 辅给水调节阀切手动，逐步关小开度（每步减小 5%～10%）至 0（此处只做一组演示），如图 8-40 所示。

图 8-40　辅给水调节阀控制界面

b. 同时减小再循环调门开度至 10%，此步骤与减小凝水再循环开度基本一致，不再赘述。

c. 停运辅给水泵，关闭前后隔离门，及辅给水箱补水门，效果如图 8-41 所示。

图 8-41　给水系统

注：切换时，SG 水位会有波动，但在正常范围内，会影响 RCP 温度波动，但最终会稳定在 295℃左右。

（3）冷凝器建立真空。

1）打开循环水入口、出口截止门，启动循环水泵，如图 8-42 所示。

图 8-42　冷凝器循环水泵及其进、出口隔离阀控制界面

2）启动密封水泵，打开汽水分离器排气门，如图 8-43、图 8-44 所示。

图 8-43　冷凝器抽真空密封水泵控制界面

图 8-44　分离箱排汽手动门控制界面

3）打开抽汽管路上的抽真空隔离阀，启动真空泵，如图 8-45 所示。

图 8-45　抽真空隔离阀与真空泵控制界面

4）建立真空。

（4）反应堆至热备用状态。

控制棒手动提棒至 285 步，即输出功率为 $2\%P_n$，反应堆至热备用状态，如图 8 - 46 所示。

图 8 - 46　反应堆堆芯控制界面

8.1.4　反应堆至功率运行状态

反应堆达到功率运行状态时，其特征如下：

（1）反应堆临界，输出功率处于（30～40）$\%P_n$ 之间。

（2）一回路冷却剂平均温度 $T_{av}=(291.4\pm1)℃$。

（3）一回路压力 $p=15.5\text{MPa}$（表压）。

（4）汽轮机并网，汽轮机旁路系统处于自动控制状态。

（5）蒸汽发生器经由水位调节主阀供水。

暖机、暖管操作步骤如下：

1）控制棒手动提棒至 293 步，即输出功率为 $4.1\%P_n$，步骤与之前一致，不再冗述。

2）打开 1、2、3 号主蒸汽隔离阀，如图 8 - 47 所示。

3）打开汽轮机轴封供汽阀，向汽轮机轴封供汽，如图 8 - 48 所示。

4）暖机、暖管。

a. 打开汽轮机自动控制画面，点击"挂闸"按钮，然后点击"运行"按钮，主汽门以及低压缸进汽门自动打开，如图 8 - 49 所示。图 8 - 50 和图 8 - 51 分别为主蒸汽高压缸系统界面和主蒸汽低压缸系统界面。

图 8-47　主蒸汽隔离阀控制界面

图 8-48　轴封供汽阀控制界面

图 8-49 汽轮机自动控制界面

图 8-50 主蒸汽高压缸系统界面

图 8-51　主蒸汽低压缸系统界面

　　b. 在控制设定点面板，设置转速目标值为 30r/min，"保持"按钮自动变红后，点击"运行"。此时汽轮机进汽调门自动打开，进行暖机、暖管，如图 8-52 所示。

图 8-52　汽轮机自动控制界面

　　GCT＿A 排空切换至 GCT＿C，具体步骤如下：

　　1) 打开主蒸汽高压缸系统画面，打开 GCTC 旁排至冷凝器的手动门（只演示一组），如图 8-53 所示。

图 8-53　GCT-C 至冷凝器手动门控制界面

2）打开汽轮机旁排系统画面，如图 8-54 所示。

图 8-54　汽轮机旁排系统控制界面

具体顺序为：

a. 压力设定值设定为 7MPa。

注：也可将 GCT_A 压力整定值设为 7.0MPa，以加快主汽压力尽快调整为 7.0MPa。

b. 温度整定值为 70℃。

c. GCT_C 压力控制面板投自动。

d. 投入"压力模式"。

e. 待主蒸汽压力基本稳定在 7.0MPa。

效果如图 8-55 所示。

图 8-55　汽轮机旁排系统控制界面

3）打开主蒸汽高压缸系统画面，GCTA 排大气调节阀切至手动，并逐步关闭（只做一组演示），如图 8-56 所示。

注：每步 2% 关闭，速度慢一些，GCTC 调门打开调节速度较慢。

图 8-56　GCTA 排大气调节阀控制界面

4）通过 GCT_C 自动将 RCP 平均温度调整为零负荷整定值约 294℃。

8.1.5 汽轮机冲转、发电机并网

（1）投高、低压加热器。

1）控制棒手动提棒至 317 步，即输出功率约为 10%P_n。

2）投高加。

a. 打开 7 号高加抽汽隔离阀，打开 7 号高加疏水调节阀，并投自动。

b. 打开 6 号高加抽汽隔离阀，打开 6 号高加疏水调节阀，并投自动。

c. 打开 6 号高加至除氧器疏水手动门、气动门。

效果如图 8-57、图 8-58 所示。

图 8-57　高压给水加热器（汽侧）

图 8-58　除氧器

3）投低加。

a. 打开 4 号低加抽汽隔离阀，打开排气至冷凝器手动门，打开其疏水调节阀，并投自动。

b. 打开 3 号低加抽汽隔离阀，打开排气至冷凝器手动门，打开其疏水调节阀，并投自动；打开疏水泵前手动门，启动疏水泵。

c. 打开 2 号低加抽汽隔离阀，打开排气至冷凝器手动门，打开其疏水调节阀，并投自动。

d. 打开 1 号低加抽汽隔离阀，打开排气至冷凝器手动门，打开其疏水调节阀，并投自动。

效果如图 8-59 所示。

图 8-59　低压给水加热器（汽侧）

（2）汽轮机冲转。

1）打开至高压缸排汽至除氧器加热的进汽阀，如图 8-60 所示。

2）打开汽轮机自动控制画面，点击"挂闸"按钮，然后点击"运行"按钮，主汽门以及低压缸进汽门自动打开。此步骤与之前图 8-49 基本一致，不再冗述。

3）在控制设定点面板，设置转速目标值为 1000r/min，设置升速率为 100r/min/min，

图 8-60　高压缸排汽至除氧器进气阀控制界面

"保持"按钮自动变红后，点击"运行"。此时汽轮机进汽调门自动打开，进行冲转。此步骤与之前图 8-52 基本一致，不再冗述。

4）然后再设置转速目标值为 2000r/min，设置升速率为 100r/min/min，点击进行，冲转至 2000r/min。此步骤与之图 8-52 基本一致，不再冗述。

5）最后设置转速目标值为 3000r/min，设置升速率为 100r/min/min，点击进行，直至冲转完成。此步骤与之前图 8-52 基本一致，不再冗述。

（3）发电机并网。

1）打开发电机及电气部分画面，点击励磁开关，点击"预合""确认"，使其处于合闸状态；同理点击高厂变 A 分支断路器、B 分支断路器，点击"预合""确认"，进行合闸，如图 8-61～图 8-63 所示。

2）点击励磁就地控制柜面板，合上 A 套、B 套、C 套、D 套交流电源，点击"A 通道运行"，然后"建压"，会发现励磁电压、励磁电流以及电压值在增大，当电压值小于 26.5kV 时，点击"增磁"按钮，使其增大到 26.5kV 以上，如图 8-64 所示。

3）点击同期就地控制柜面板，合上同期表开关，同期方式选择"自动"，如图 8-65 所示。

图 8-61　发电机及电气部分控制界面

图 8-62　励磁开关控制界面

图 8-63　分支断路器控制界面

图 8-64　励磁就地控制柜面板

图 8-65   同期就地控制柜面板

4）看到汽轮机自控控制画面中，"自动同步"按钮变红，按顺序操作如下步骤：

a. 点击投入自动同步。

b. 约 20s 之后，汽轮机并网成功，功率回路按钮显示。

c. 点击"功率回路"按钮，投入功率回路。

d. 设置汽轮机最小负荷 50MW，设置升负荷率为 50MW/min。

e. 点击"运行"，则汽轮机自动运行调整为 50MW。

类似效果如图 8-66 所示。

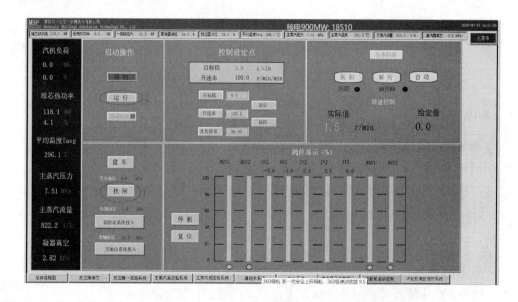

图 8-66   汽轮机自动控制界面

注：升速过程中应监测各轴承、转子及外缸胀差变化及机组振动。

5）打开发电机及电气部分，断开高备变高压侧断路器，点击"预分""确认"按钮，由外电源切换至汽轮发电机供电，如图 8-67 所示。

图 8-67　高备变高压侧断路器控制界面

8.2　二回路升功率至额定负荷

8.2.1　升功率至 15%P_n

（1）投再热器。

1）打开一级再热器疏水隔离门，手动增加高压缸一级抽汽至再热器调门开度，至 80%，如图 8-68 所示。

2）打开二级再热器疏水隔离门，手动增加主蒸汽至二级再热器调门开度，至 80%，与上一步类似，不再冗述。

3）打开汽水分离器疏水泵前手动门，打开出口调门并投自动，打开至除氧器疏水气动门，启动疏水泵，如图 8-69 所示。

（2）升功率至 15%P_n。

1）关闭凝水再循环调节阀，关闭给水再循环调节阀，设置凝汽器水位设定值为 1.5m，1、2 号凝水泵调速投自动，相关操作方法在前文已提及，这里不再赘述。

图 8-68 第一级再热器疏水阀及高压缸抽汽至第一级再热器调节阀控制界面

图 8-69 汽水分离器相关阀件控制界面

2）手动设定汽机负荷目标值为 80MW，改变升负荷率为 30MW/min，点击进行，进行升负荷，同时手动提棒至 $15\%P_n$（步数 335 步），相关操作方法在前文已提及，这里不再赘述。

3）关闭辅汽至除氧器加热蒸汽调节阀，如图 8-70 所示。

（3）电动给水泵切换汽动泵，旁路给水切换至主给水。

图 8-70 辅蒸汽至除氧器进汽调节阀控制界面

1）打开 1、2、3 号主给水支路给水调节阀前后的气动隔离阀，相关操作方法在前文已提及，这里不再赘述。

2）电动给水泵调速投自动，相关操作方法在前文已提及，这里不再赘述。

3）打开 1、2 号汽动给水泵前、后隔离阀，以及前置泵，相关操作方法在前文已提及，这里不再赘述。

4）手动打开再热蒸汽至小机供汽阀至 50%，打开 1、2 号小机排汽阀，打开 1、2 号小机进汽调门，并投自动，以一组为例，如图 8-71 所示。

5）停运电动泵。

a. 电动给水泵调速切手动，速度逐渐减小为 0，停运电动给水泵。

b. 停运前置泵。

c. 关闭泵前、后电动门。

d. 关闭给水再循环门。

6）旁路给水切换至主给水。

a.1、2、3 号主给水调节阀投自动。

b.1、2、3 号旁路调节阀切至手动。

图 8-71　小机供汽相关阀件控制界面

c. 逐步关小旁路给水调节阀，直至关至零。

d. 主给水调节阀自动调节 SG 水位。

最后效果如图 8-72 所示。

图 8-72　给水系统

7）控制棒投自动，如图 8-73 所示。

图 8-73　反应堆控制棒控制界面

8.2.2　由 15%P_n 升功率至满负荷

（1）汽轮机升负荷至 100MW。

1）设置汽轮机负荷目标值 100MW。

2）设定升负荷率为 30MW/min。

3）点击运行，控制棒自动跟随，升负荷至 100MW。

注：相关操作方法在前文已提及，这里不再赘述。

（2）汽轮机升负荷至 200MW。

1）设置汽轮机负荷目标值为 200MW。

2）设定升负荷率为 30MW/min；点击运行，控制棒自动跟随，升负荷至 200MW。

注：前两步相关操作方法在前文已提及，这里不再赘述。

3）汽轮机负荷大于或等于 20%，投入温度模式，控制棒自动跟随汽轮机负荷，并保证 RCP 温度不超过限值，如图 8-74 所示。

4）蒸发器 SG 水位整定值设为 50%，相关操作方法在前文已提及，这里不再赘述。

5）再热蒸汽至汽轮机给水泵供汽阀手动开至 85%，相关操作方法在前文已提及，这里不再赘述。

（3）汽轮机升负荷至 350MW。

图 8-74　汽轮机旁路排放系统控制界面

1）设置汽轮机负荷目标值 350MW。

2）设定升负荷率为 30MW/min。

3）点击运行，控制棒自动跟随，升负荷至 350MW。

注：相关操作方法在前文已提及，这里不再赘述。

（4）汽轮机升负荷至 550MW。

1）设置汽机负荷目标值 550MW。

2）设定升负荷率为 30MW/min。

3）点击运行，控制棒自动跟随，升负荷至 550MW。

注：相关操作方法在前文已提及，这里不再赘述。

（5）汽轮机升负荷至 750MW。

1）设置汽轮机负荷目标值 750MW。

2）设定升负荷率为 30MW/min。

3）点击运行，控制棒自动跟随，升负荷至 750MW。

注：相关操作方法在前文已提及，这里不再赘述。

（6）汽轮机升负荷至 900MW。

1）设置汽轮机负荷目标值 900MW。

2）设定升负荷率为 30MW/min。

3）点击运行，控制棒自动跟随，升负荷至 900MW。

注：相关操作方法在前文已提及，这里不再赘述。

8.3 功率摆动试验

为了验证核电厂对负荷阶跃变化不超过±10％额定功率的瞬态响应特性和自动跟踪负荷能力，分别在低负荷（25％P_n）、中负荷（50％P_n）、中高负荷（75％P_n）和满负荷（100％P_n）下进行负荷摆动试验。试验应从低负荷开始，通过汽轮机自动控制系统，降低汽轮发电机组负荷10％P_n，待系统稳定后，增加汽轮发电机组负荷10％P_n。在负荷阶跃变化的过渡过程中，实时测量一回路热工参数（冷却剂温度、压力、稳压器水位）和二回路热工参数（蒸汽流量、压力、蒸汽发生器水位、给水流量）。一般要求核电厂设计能够承受±10％P_n的负荷阶跃变化，全自动操作，依靠控制调节系统吸收过渡响应，使运行工况自动趋于稳定。因此，在核电厂的实际试验过程中不应出现蒸汽排放系统和稳压器安全阀的动作，更不允许发生停机、停堆等现象。在此，以在满负荷状态下的功率摆动试验为例，讲解功率摆动试验的操作流程。

（1）汽轮机降10％P_n（90MW）负荷至810MW。

1）设置汽轮机负荷目标值810MW。

2）设定升负荷率为30MW/min（此处实际功能为降）。

3）点击运行，控制棒自动跟随，降负荷至810MW。

注：相关操作方法在前文已提及，这里不再赘述。

（2）降负荷过程中，获取实时热工参数。

在MSP服务端中，从降负荷开始到降负荷结束，大约每15s点击一次暂停键，如图8-75所示。

图 8-75 MSP 客户端

1）点击"仿真"菜单，选中"工况"一栏，点击"保存工况"，如图 8-76 所示。

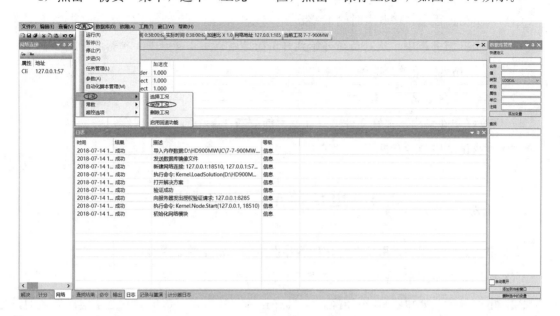

图 8-76　MSP 客户端

2）修改好文件名称，选好文件夹（在此之前应新建一个），点击保存，如图 8-77 所示。

图 8-77　MSP 客户端

（3）汽轮机升 $10\%P_n$（90MW）负荷至 900MW。

1）设置汽轮机负荷目标值 810MW。

2）设定升负荷率为 30MW/min。

3）点击运行，控制棒自动跟随，降负荷至 810MW。

注：相关操作方法在前文已提及，这里不再赘述。

（4）升负荷过程中，获取实时热工参数。

1）在 MSP 服务端中，从升负荷开始到升负荷结束，每 15s 点击一次暂停键。

2）点击"仿真"菜单，选中"工况"一栏。

3）点击"保存工况"。

4）修改好文件名称，选好文件夹（在此之前应新建一个），点击保存。

注：相关操作方法在前文已提及，这里不再赘述。

8.4　甩负荷至厂用电实验

在核电厂运行过程中，甩负荷是比较容易发生的，常见的原因有：

（1）电网频率不正常，例如因周波低于 49Hz 而甩去部分负荷。

（2）电网故障（如短路），电压降到 70% 并且持续时间大于 0.95，超过了电网故障的排除时间，汽轮发电机组与电网解列，甩去全部外负荷。当失去全部外负荷时，不希望发生汽轮机组跳闸、反应堆紧急停闭。为此，希望核电厂具有甩全负荷的能力，在设计上可使蒸汽旁路系统排放高达 85% 额定蒸汽量，配合反应堆阶跃至 $10\%P_n$，然后带 $5\%P_n$ 的厂用电负荷继续运行。如果电厂负荷的适应能力比较小（例如旁路阀排放只有 40% 额定蒸汽量，多余蒸汽向空排放），则将由保护系统引起反应堆紧急停闭。甩负荷试验进行时，反应堆处于自动跟踪负荷变化状态，有关的控制系统工作正常并置于自动控制方式，汽轮机组置于调节器控制，电网已做好接收负荷变化的准备。然后，分别在低负荷（25%）、中负荷（50%）、中高负荷（75%）和满负荷（$100\%P_n$）下，打开主变压器的断路器，突然甩去全部外负荷，观察各系统的响应特性和瞬变后的稳定能力，并测定反应堆功率、一回路冷却剂平均温度、稳压器压力与水位、二回路蒸汽压力等热工参数随时间的变化以及汽轮机组调速系统的动态特性。

在此，以在满负荷状态下的甩负荷至厂用电试验为例，讲解功率摆动试验的操作流程。

（1）进入发电机及电气系统，断开主变压器高压断路器，如图 8-78 所示。

（2）甩负荷过程中，获取实时热工参数。

1）在 MSP 服务端中，从甩负荷开始到结束，大约每 15s 点击一次暂停键。

2）点击"仿真"菜单，选中"工况"一栏，点击"保存工况"。

3）修改好文件名称，选好文件夹（在此之前应新建一个）。

注：相关操作方法在前文已提及，这里不再赘述。

图 8-78　主变压器高压断路器控制界面

参 考 文 献

［1］郭江华，聂蠡，谢诞梅．虚拟仿真技术在核工程与核技术专业教学中的应用探讨［J］．中国电力教育，2011．

［2］臧希年．核电厂系统及设备［M］．2版．北京：清华大学出版社，2010．

［3］田兆斐．核动力装置建模与仿真［M］．哈尔滨：哈尔滨工程大学出版社，2017．

［4］吕崇德．大型火电机组系统仿真与建模［M］．北京：清华大学出版社，2002．

［5］王红卫．建模与仿真［M］．北京：科学出版社，2002．

［6］刘思峰．系统建模与仿真［M］．北京：科学出版社，2012．

［7］熊光楞．协同仿真与虚拟样机技术［M］．北京：清华大学出版社，2004．

［8］蔡红霞．虚拟仿真原理与应用［M］．上海：上海大学出版社，2010．

［9］申蔚．虚拟现实技术［M］．北京：清华大学出版社，2009．

［10］费景洲．测试技术与虚拟仿真实验教程［M］．哈尔滨：哈尔滨工程大学出版社，2017．

［11］张晓华．系统建模与仿真［M］．2版．北京：清华大学出版社，2015．

［12］姜金贵．火力发电厂事故应急管理及虚拟仿真研究［M］．哈尔滨：哈尔滨工程大学出版社，2008．

［13］吴启迪．系统仿真与虚拟现实［M］．北京：化学工业出版社工业装备与信息工程出版中心，2002．

［14］李士锦．博努力（北京）仿真技术有限公司［OL］．http：//www. bernouly. com/index. html．

［15］单建强．压水堆核电厂调试与运行［M］．北京：中国电力出版社，2008．

［16］朱继洲．压水堆核电厂的运行［M］．2版．北京：原子能出版社，2008．

［17］中核武汉核电运行技术股份有限公司．模拟机教学软件停机规程［Z］．武汉，2014．

［18］中核武汉核电运行技术股份有限公司．模拟机教学软件启动规程［Z］．武汉，2014．